SUDOKU

FUN FOR ALL

Nº 001

		4						7
	3							
6	2	9	1				4	3
					9	8		2
4	6	7	8		5		3	
	9	8	3					4
	1				8			
		6	5				9	1
5	7		9			4		6

Nº 002

	4			5	7			
	6		3		1	2		
					2		8	
	2	4			9		5	3
8			2	3		7	1	
	7		6	8		4		
					8		3	7
	8				3	9		
9		3	7				4	

Nº 003

	7		9	3			8	
	2				8	7		5
3	8	6		2				
7			4		2	3		
					3			
			8	7		5	4	
9			1	4		8		
2		8				6	7	4
			2		6			3

Nº 004

				4			8	
		2						1
3			9		5			6
		1			8	5	4	
9	8					6		2
5		4		2				9
		5	3	7		2	6	4
6				8		7	3	
		3			6		9	

Nº 005

	4				7	3		5
				6		9		
			3				4	2
	8	9		3	5	2	6	
2	5		7					3
		6			9	5	8	
		3			8		5	6
		5	6	4				
	6					8	2	

Nº 006

		4	3	5				
	3		4	7		2	5	8
7			6					
9		7	8			5		2
			7		6			
2			9	3			6	4
					8	3	2	6
				6			8	5
8	5							7

Easy Level

SUDOKU
FUN FOR ALL

Nº 007

	3	1			8		9	
	9				5	6		
	6					2	8	5
					7			
	5		3	8		1		9
	8	9	6	5				2
		5				9		
9	7		4				3	
8		3			6	7		1

Nº 008

				9	7		5	
2	5	8	4					3
4				2			8	
		4	3			2	6	
	2	6		8		3		
7								
6		2	7	4	8	5	3	
			2					8
	8	5	6	3				

Nº 009

	8			5			2	
				8	7	5	4	
2	6	7	4		8			
5	3					6	7	
			3					8
6	4				3			
	5	3				8	9	
7			2					3
			4	9		6	7	5

Nº 010

	6			9	8	5	2	
		8	2	4	3			6
			6		7			
	2			6			7	8
	7	4	3			2	6	
		5						
				2	4			3
							4	
4	1	7	9	3			2	8

Nº 011

		7	4		6	8	1	
	8	6	2	3	1			4
						5		2
6				7	2	3	4	
	7	5	3		9			8
		2			4	7		6
	4		6				5	
					8			
		3	7					

Nº 012

		1		3	9		2	
7			8		2		3	
				6	1	7		
4	5	7	2			3		
	2		3		7			
9	6			8		2		
	7	2	1	4	8			5
			6	2			7	
		5						

Easy Level

SUDOKU
FUN FOR ALL

Nº 013

		8					5	6
	7		2	6	5			
6	3			8		2		
5	4				8			2
3			7		4	5		
1	9			5			8	
	2	4						
	5		8		7			
7	6			2				4

Nº 014

		3		7			9	
2	7	6	8			4		
						7		8
6	8	5					4	
				9		2		
9	2			8	3			
			4	1	3			
4	5	2				8	6	
	3		5		6		7	4

Nº 015

	7				5		6	
1	9				8		4	2
8		6	2		1			
6			9			2	5	3
9			1	3	7	4		
			6		2			
			5			8	3	4
5				1	3			7
		9						

Nº 016

			4				2	8
2	6	4					3	9
						7		
						4	5	6
6	4	7	5			2	8	
		8			2	9	7	3
			6	2				5
7	9				6		4	
3			5				1	

Nº 017

	7	2		3			6	
6	4				8	7		
	8					2	5	
	6			7			3	
			6		3	4	8	
4	3	5	2				7	
	5		7		6			
8				4	2		9	
	2	9			3			

Nº 018

			9	4			1	
9				3	8			5
8	5	4						9
			7	1		9		
			6		3		4	
		2		9	4	6		
7		1		5		2		
6	9	5					3	
	3			6	9			1

Easy Level

SUDOKU
FUN FOR ALL

Nº 019

	5		2	4				
		9		3		7		
		4		7		1	2	
4	2	6			7	8		3
8	3	5				4		
7						5		
	7	3			2	6	8	
		8	4	6		2		
	4					9		

Nº 020

							7	3
1		2	5				9	8
	3	8				5		
				5	2	9		4
	9		3			8		2
	2			6				7
6	7			4			8	5
2		9					1	
	8			3			4	9

Nº 021

		3			6			
	2	8		5	7		3	
	4	6	2		3	9		
	9	2	5		8			1
	7	5		6			8	
		1		2				9
	1		9	3				2
	6	9	7					
2						7		

Nº 022

	4	3		9	5	7		
			6					
				7	8	5		
		6		2	3	9		
	7				6		5	8
						3		4
					4	6		
			8	5		4		
	5	8			2		3	

Nº 023

	6				2		7	8
		8	4					5
			9	8	3	2		
7		2		5				
							4	
			2	3				9
5	4		3		7	8	2	6
	8	7		4		3		
	3	9	1	2				

Nº 024

	3	2	7				1	
			9	2	5	3	8	6
		8		3			2	4
		4			7		3	1
		7						2
		3	5		2	4		9
					8			7
				5			4	3
3						6	5	

SUDOKU
FUN FOR ALL

Nº 025

	2				5	7		
	8			3	2	4		
	6	3	8					9
	1	6	7					
	4	5		8	6		7	
	7			5		6		
		1			7		4	5
		2					6	7
		7		2	9			3

Nº 026

				9		4		
		4	3		2	6	5	7
				5			1	8
		3	9		8	1		5
		2		4	5		6	
9					6	7		4
		9	5	6				
	6			2	3	5		
	3		4					

Nº 027

	7					3		2
3		4				5		6
			3		4		7	
4	8		7			6	3	1
	2		4		6	8		
			8	9	3			
2			6					
			5	4	7		6	8
			2		1			7

Nº 028

	4	5	3	9	8	2	7	6
		7		4				8
			5	6			9	4
			7					9
			8				3	
5			4	2		6		7
		3	2		5			
			6	8				
4		6					8	5

Nº 029

		8	5		7			9
		2					6	1
		6				7		4
	5			7	4	3	2	
7		3	1					
			2	3				
2	9		7		5		8	
	3			6	8		7	
4		7		2		6		

Nº 030

	7	6	3			1	4	
	5			6		2		
	1		2		5	7		8
	6			5	3	4	7	2
					2			
3	2						8	9
	5	7	8		9			
					8			4
6			5			3		

Easy Level

SUDOKU
FUN FOR ALL

Nº 031

	6	3	1			8		
	8			3	6	7	9	
7			9		4			6
8	3				2		7	
	4			7				
3	9							5
	1	4	8	5		2		7
5	2		7	4		6		

Nº 032

		8					2	3
			5		8			7
			2	1	7			9
	8	7		9		2		5
2	1	3	7	8				
	4			6				
	9	6	4					
4				7		6		8
	3	2			6	9		

Nº 033

	5		6	3		7	2	8
		6		4				
			5					6
	6	3		5	4	9		2
8					2		4	7
			7					
4	9			2	8	6	7	5
	7				6	8	3	

Nº 034

		8	6	2	9	1	4	5
	1		7		5			
9					1			8
		2		9	4			
5	8	7	2	6				
6				1		8		
7			9	3	2			
8	2					6		3
						7		

Nº 035

	4	7	8					
5								8
6	2			4				
		5				3		
2	3		5	7		4	8	
				8		5	2	
	5	6				2	3	
	8			2	6		4	
			6			7	9	

Nº 036

			6					
7		1				2	4	5
8	4							
			7	3			2	4
	2		8	5			9	3
	3	7	6	2	9			
	8							
6	7	4	2			5	3	8
		5			6			2

Easy Level

SUDOKU
FUN FOR ALL

Nº 037

	6		4	1				
7	8	5				4	2	
			2	7				6
		8		6	9			
	9		3					5
			2		1		3	8
	7				4		5	2
4		3	9	6				
			1	5	7			9

Nº 038

	4			7	6			
			3			4	9	6
6	5			8		7		
	6		8					7
7	2	8		4	3			
					2	5		
			5	7		8	2	
8			6			9	7	3
				3	8		4	

Nº 039

	3	9		2	6	5		
7				9		8	1	
	6		8					
5			7					
		3			5		8	7
	7	8	4	1			5	3
4	5			8	1			
		1						
9	2	7			4		6	

Nº 040

		5		7				
		4						
7	8	6		5	4			3
			7		3	5		8
	6	3	9			7	2	
8	5				2			6
5			6				4	
6		2		3	1		7	
4			5					9

Nº 041

		6		8		4	3	7
4	5	7				6	9	8
		8				2	5	
			6					4
2	9		5				7	6
	7		3	4	2		5	9
					3			
		4	2	8	5	7		

Nº 042

2			7			4		
8	7				5	2	3	9
			5		4	6	9	
4				2		7		5
	8	2			6			4
		4		5	1			7
			4	3			5	
		5	2	6	9	8		

Easy Level

SUDOKU
FUN FOR ALL

Nº 043

	7			4			6	
		8				7		
6	2		9	7	8	5	1	3
	5	1		9		6		
						1		5
2	4					8	9	
9		5	7					
	6	3			5			
7		2	3					1

Nº 044

		8	3					5
	5			4		6		
6		2	7		9	3		
	6		7	5				3
5			4	6		7		
7		8			3			2
	7	5				8		6
8		4			2	5		
	5			8				

Nº 045

	1		6			5		8
				5		6		
		8	9	4	2			
4			3	8	5	2	6	9
2	3			9		8		
		6		1			5	
		7				9		4
5							7	6
			4	7	2			

Nº 046

	4		2			5		
2	3					9		5
6	5				8		7	4
3				1				8
		8	7		3	5		
1	7				4	6	3	
			3	2				
9		3					6	
7	6			1	9			

Nº 047

		2	6		7			3
	9	1	4			8		
		6		3			5	2
	3	8			7			
5				6				
	6		8		3		2	
	2	4		7				5
						2	9	7
1		5		8	9		3	

Nº 048

		9				6		
	5							8
8	2		6	3			9	
5	8			4			6	
	9	6	5		2		4	
		7					3	2
2			7			3	5	
	3	4	9		8		2	
	7			2	6			

Easy Level

FUN FOR ALL

Nº 049

		9				2	8	
2				1	8		5	
1	5	8	9		2			4
	7				9	1		5
9		4					6	7
	1			6		9		
	3			2		5	9	
		5				8		
	9	1	8					

Nº 050

		1	7			4	6	
5	9						1	
6		4				8	9	2
			6	3	9	5		8
	8							
		5						9
	1			2		9		
		2	8	6	4			3
	4	3			5		8	6

Nº 051

	9	5	7			4		6
8	6	7						3
			8				2	
4	1		9		5	3		8
		6	3					9
	8	9			2	7		
					7			2
	7	1	2	5				
		3	6			1		

Nº 052

		7	8			9		
9	2			4			5	
		8		9	5			
5	9			8		7		
8	7			1	9		2	3
3			5		2		4	9
	6				8		9	4
						2		
		5		2			6	

Nº 053

		7						
		5	3					6
		4	8		6	3	7	
2				4			8	7
	4	6	7			2		
5		8	6		2	9	3	4
4			9			7	6	5
	5					1		
3			2					

Nº 054

		8						
			3		4	1		8
4				8	2		6	5
7						8	5	
9		4		2				
	5			7			9	
	8	5					3	
		6	2	5		9		
2	7		8	3	6		4	1

Easy Level

SUDOKU

FUN FOR ALL

Nº 055

				8		3	2	
		9			5	6	7	
		4		7	2		9	
		1		3		8	5	6
7			6		8			
					4	7		
	6	8					3	
		2		9		4	6	
4	9	7			3			2

Nº 056

		7					8	
			2		7		9	
	3			4	9			7
9		3	5	1				
1		5			2			8
8	7		6	9	3		1	
		8	9		4			3
		9	7		6	4		5
7								

Nº 057

	3					8		5
	6						7	
		4			7		9	6
		3				6	2	
4	9			6				
2	7	6			3		8	
3					5			8
6			7	9	8	1	4	
	8		3	4		2		

Nº 058

	2	7				6	1	
		1		4	2	3	8	
3	4	9		8				
			6					
	9	4		3	5			2
	6				9			
	8			5				6
	3		2				9	
4	1			6	7	2		8

Nº 059

				8	9	6		
4	8			7	5		2	3
6		7		2		8		
	7		2			5	4	
1	2							8
		8	3	4	7			
			7	3	4	2		
			5			7		
				6	2		3	

Nº 060

		8		4	3		7	6
		6	5		7	4	2	
	4		6					
					6	7	8	
		2		7			5	
9			3					
7		4	8				9	
5	6			3				2
			4	9	5		3	7

Easy Level

SUDOKU

FUN FOR ALL

Nº 061

		3		4	9			5
	2				8			
5	4			7	3			9
			4		6	9	7	
	3	8		2			5	
4				5		6		
	8		1	9	2		4	7
						8		
		2		3	4			6

Nº 062

	9						5	1
			8		9			3
	6		7			8		4
	7	2				1		
	8	9			2	5	4	
4		5					6	9
		4			6		7	
	2	6	9	3		4		
		8	5					6

Nº 063

		7		6				
				7		3	8	
9	6	8		5			2	
	2			8				
					4	5	7	
8	4	5			3			
4	5	6	8					
					5	7		
				3	2			5

Nº 064

	3	7	6		2	5	1	4
	4	8	3	5			7	9
	5		7				6	
8					3			1
					5			
	2	1						5
	1							8
	8	4		2	6			
5			9	4				2

Nº 065

	5			7			2	
		4		3	5			7
		7			8	4		5
5			2				6	3
2		9	3	6			5	
	7			8	4			
4						6		
7	3	6				5		
8			7	5			4	

Nº 066

	4	9				6		3
	2		9		5	7		4
7		8	6				9	
2	8		4				5	
3		1	2			9	4	7
				3	7			
			3				7	
			5		6			
				9		5	6	2

SUDOKU

FUN FOR ALL

Nº 067

			9	7		4	1	8
		8						
5							9	
	1	7	3	9		8		
4			6	8	7			1
		2	1		4			
		6	7				5	4
	4		5			7		
7		5			6		3	9

Nº 068

				9	2			
			5	1		8		
	9		3	8		6	2	7
4				2				
8			4	5				2
		5	8	6		3	7	
								8
2	5			7			4	6
	8	9	2		6		3	

Nº 069

	4					3	5	
	3		6	8				4
5				4	7			8
3				9		5		
4	6					9	7	
		7				8		
	7	4			6		8	
9	8	2			3		6	
	5			7	8	4		

Nº 070

		8	2				6	
	6	5				9	2	8
4	3							
	7			2	3	4		
		4		8				
	9	3		6		7		
5						8	4	3
	8			5			1	9
		1		3	8	2	5	

Nº 071

	7			2			4	
			3		8	5	7	
8	5							3
		8					2	
2			4	8	7	3	9	5
			6		2			7
				7	3	9	5	8
				4				6
	8			5		7	3	

Nº 072

		3	5					
				4				5
4	5	2				6		
7	4	6		2			5	
							2	
			8			7	6	3
5		4		7				8
9	6		2	8	3			4
	7		4	9			3	6

Easy Level

SUDOKU
FUN FOR ALL

Nº 073

	5					7		
8	7		2	4		5		
6			7				2	
		4		2	6		7	
	2			8		3	4	
	8					9	5	
	6	5	3	7			8	
	4		8	9			3	
7					2		9	

Nº 074

			6		3			
	8		7	2		6	9	
				4		7	5	
4	9		8			2		7
		5	3			8		
	3		4	7	5			
			7		8			
8						7	5	6
3			6	9		8	4	

Nº 075

					8		5	
5		3					7	
	7			2		6		
		2		7		4		
4		7		3				8
				2	7	6	5	
3	2	8						
9		5		3		8	4	7
	6		5	8		2		3

Nº 076

	9	1		2				8
			6	4				
	3			8		9	5	
8				6			9	
	2	6	5	1	4			
				7				
2			8				6	9
	6	9	7	3		4	8	5
		7	4				2	

Nº 077

	6	5			9			
	9	3	7		8	5		
2		8	5	3				
				5				
	4		6	7	2	8		
	5							7
8	2	4			6	9		5
			2	8		6	4	1
		7		4				

Nº 078

	3	6	8					
				4				
7	8	4		3		5	2	
				6	5	9		
9				8	3			2
			4	2		8		
3		2	6	5	4	7		
	7		3				9	4
8	4					5		

Easy Level

SUDOKU
FUN FOR ALL

Nº 079

	9						4	
		7			4		2	
4	6	5			2		7	9
	4	2	9	3				8
		3						2
7				6	8		5	3
	5					7		4
3	2		5			6		
		8		4			3	

Nº 080

			6	2	7	1	9	
							2	6
	6	2	5				3	
	2			6			4	
5	8		2				6	
			3		5	7		
7			8	3			5	
2	3					4		
	4	8			2	6	7	

Nº 081

		3			7		8	
		5	6	9	7	2		3
		2		3	8		6	
					6	3		
		4			2	8		
	6			8			9	
9		7	4				8	2
5		8	7			6		
						1	7	9

Nº 082

		5	4			7	9	2
				6			8	
	7		5			8	6	3
7	3		8			1	2	5
		9	7				6	
	8		2					9
			6	5				
6		7			4		9	
2			3	7				

Nº 083

		8						
4		5	3		6		2	
			7				4	
		2				7	3	
		7		8	3			2
3		4	7	2			8	
8			2			4		6
			9	6	4	8		
	4			5	3			7

Nº 084

	6		8		4			5
2	8	9	3		5			4
3	5	4	2		7		6	
6						7	8	
				2			4	
4		5		8	3			2
7							5	
8			7			4		6
	3							

Easy Level

SUDOKU

FUN FOR ALL

Nº 085

	5					7		9
3	2	9	6	7	5	8		
4		5	3		8	6		
				6		4	8	5
6	7		5		2			
			8		9			
5		4	7				9	
9		2				1		3

Nº 086

					2	3		
	5	7		3		4	8	6
3			4		8			
	6			8				
4		5		2	3			
8			5	1	7			
6	8			7	1	5	9	3
	7				5			4
				4				7

Nº 087

			1	2	5		8	
1			9				2	7
5					3	1		
	9	1	4	5	7		3	
						7		1
2	7			3		4	9	
			3	1				
				8	2		5	6
		9		6		3		

Nº 088

			5					
6	5	2				3		
	9					8	6	5
8				5		9	2	
9								4
		5			4	7		3
2			4		6	5		
	8	3	2					6
	1		3		8	4	7	2

Nº 089

	2	7			8	4		
8			7		2	5		6
	1		3	5	4		8	
	9		4			6		8
				8			1	
3		1	6		5			
	3	8			7		2	
		4						3
				4	3		6	

Nº 090

	3	2	4		7			
8	4		5			9	6	
			8	2				3
	8	4		9		2	7	
7	9	6			2	4		5
	5		7		4			
		3		5				7
			2		6		8	
		8						

Easy Level

SUDOKU

FUN FOR ALL

Nº 091

						8	5	
	9			5	2	3		
	5	3	4	1		9	2	
	8					7	6	4
	4		1				3	
5		9		3	4	2		8
		4		2				
						6		3
8	3			6			7	

Nº 092

		6		9			3	5
		1	5	7	3		6	
5		2	4					
		4		2	5			
	6	8					5	
				4		6		9
		5			2		4	
		9			4	5	8	
	8	7				3	9	2

Nº 093

	8							
7			3	8			4	
1			5		9	2		
8	7				4			
6	4		2		8	3	9	
5						4	2	
			8	2			7	4
	9		7			6	3	
4		7	6				5	

Nº 094

	5		6	2	7			
7	8			3				2
2	3		4				5	
	9	4		8			2	3
	7		2			5		
6								8
	6			5			8	
		7	3	6				
5			8	7	4	3		

Nº 095

	8	7		4				6
				5		9	3	7
5	6			7		4	1	
3	1		4			5		
		4	9				6	
	7		3					
	3		6	9				5
7	4	2		8				
			7			8	2	

Nº 096

			5					3
5	4							
	9	3	2		8	5		7
2	5			7				6
	1		8		3			
7	3	6			2			4
			9		4	8	7	
	7			2	5			
		4	6			3	5	

SUDOKU

FUN FOR ALL

Nº 097

	6	5	9		3			
	2	8	7		4			
4		3		5	8	7		
8	9			3		6	2	
5	7							
		2						
2		6			7	4		
3	8			2				5
	4				6	2	7	

Nº 098

		7	8	9			2	
	3	2					8	
6	5		3	1	2			
		6	1		4			2
	2			8	3	4	5	
3	4							7
			7			2		
			5			6		9
			2	3		5		8

Nº 099

	5	2		3		6	7	
9				7		5		2
8		6						
					8	3		
5		4	3		7	8		
3	8		1	2	5		6	
							4	3
	2	5	7	4	3			
7				8				

Nº 100

			4	6	9	7		
9				3	5	1	8	6
		5	8	7				4
5	1		3					
3							4	8
7	8		6		4			
2							3	9
4	7					6		
	6				3			5

Nº 101

					7		8	
5			6		4		3	
			8			2		5
6					8	3	7	2
		8			5	6		9
		2		7		1		8
8		3	5		2			
						5		4
	7	5	9	6		8		

Nº 102

		3	7					
	5	6	4					3
				5	3		7	
8		5	9	1		3		
				2	5	1	9	
					7	2		5
					4	9	5	2
9		1	5			7		6
5				8	9			

Easy Level

SUDOKU
FUN FOR ALL

Nº 103

		2	6	5	1	4		
	4				7		6	
		7	9	4				
	5	4	3	1		2	9	
					8			
2	9			7	5			3
	3		1		9	7	8	
			7					
	7	9			4		3	

Nº 104

	6	7	4					
			7	5	3	6		
5	2						3	4
		2	3		8			6
		5			6			
		6			5	3	4	7
		8					9	
	4		9	6		8	7	5
			3			2	6	

Nº 105

	1	6		9		7		4
			6	5				3
5	3		7	2	4		1	
	8			1	9	3		
	7	5	8	3	2			
4		3		7			8	
	2	4				8		6
	6							
				8				

Nº 106

		7			8			
	4		7	9			2	
	3	2		8		9	7	6
	5		2				6	
				6	4	5	2	
	2			7	5			
		6				2		4
8				2		5		3
		5	4			6	8	

Nº 107

	8		5			3	4	
		4				5	2	
	5	6						
	4		9	6			7	3
2				8				
	6		7		2	5		8
6		5	4		7		8	
	1	7	2		3			
	3		8	5				

Nº 108

	7							5
	2		6					
8	9	3				2		
1		7				5		
9			4	5		6	1	2
	5	8	3	1	4		7	
7						2		
	8	4				5		
	5	2			4	7	3	

Easy Level

SUDOKU
FUN FOR ALL

Nº 109

		7	8	6		4		2
	3	5		4		8	7	
			5					
3	7			8	4			
9	8	2						
5		6		2			3	
	5		3		8		6	
	2	3	4	5		7		
				9		3		

Nº 110

	4	6	5					8
					3			4
		8	9	6	4	3		2
		4		2		9		3
5			6				8	
7						4		
6				7				
	3	7	2				4	
4	5			9	8		2	6

Nº 111

		3		4				5
	4		5		6	8	2	3
	2	5			7		9	
4								
	3	6	2				4	
	8		3		4	2	6	7
	6							4
		9		7			3	6
		4		5				2

Nº 112

				2	4			
	7	6				8		3
	8				7			
2			8			5		
	6		5		3	7		4
		4			2	8		6
6	4	3	2			9		7
			4			6		2
5			7	6				

Nº 113

		2	5			3	6	
7		6			4			
3	5			2				
			7	8	3			
		9				6	5	7
			5		2			
5	6	4		7		8		
		3			2	7		
		8		5				

Nº 114

		2		7				5
5			8	9	6	3		
4			6	3				2
3			6					
8				2	3			7
	4	2	8		3		5	
	8					4		6
	6			4	5	2		
		3	8		7			

Easy Level

SUDOKU
FUN FOR ALL

Nº 115

		9	5		8			6
7		5	2					
6	3							
	2	4	7					3
		7		2		8	4	
		3	4					5
	5		3			4	2	
4	7		8					
		2			6			

Nº 116

		2		4				9
		4				5		
7	3			2				
		1			6		4	
	9	6	7				5	
	8	5		9				
9	4	3		5			2	6
1			4	6		3		5
6	5					7	9	

Nº 117

		6		2	4	9		7
	4	3	6			5	2	
	2		8					
	6		2				7	
		7						6
			6	3	5	4		
3	7	4		8			5	
			7			3	9	
2			3		6			8

Nº 118

	6			4	2	3		
			1				4	5
	7		6		8		1	
		3	1			7	9	
7	4		8					
9		1	4				3	2
3		6				9	8	1
	9					4		
			3				2	7

Nº 119

						2	5	7
	6	5	8		4		9	
					6	7		4
				5			3	
	8	6		3				
	2			6	1			3
			5		8		7	
	4			2			5	6

Nº 120

		6						
7	2		6			5		9
3		4	9	8				
5	6	8		9		3		
			7	3	8			
4	7		5	2				8
8		5	3		2	4		7
2				5		3		
				9				

Easy Level

SUDOKU
FUN FOR ALL

Nº 121

	2				7			
6	7		2					3
				6	4			
				8		5		
8	3			7	5			
7	4		3			2	6	
3	5			9			8	2
		6	7	4		3		
	8			2	3	4		6

Nº 122

	2	5				8		4
	6			4				9
					5			
			2	7			4	
8	3					1		
	7	6		3		9		
6	9						1	
		8	1	9	6	5		7
5	1		4	8		2		6

Nº 123

	7					8	5	2
			7			1	3	6
			3	8	4			
		7			6	9		4
		2	5				6	3
	9			7		5	8	
3		1			9			
	4		6			2	9	5
9		5						

Nº 124

	2	8	4	7		6		
6	7				9	5		2
9	5	4						8
7			6			1	3	
		6		8	4			
				2				
3					8		7	
	6	2	5	4				3
		7	1					5

Nº 125

	4		7	8		3		
		6			9			
	3	8	2		4		1	7
					6		3	9
		5	4	3	2	8		6
3		7						
								8
	9		8	4		5		
			5	9	7		2	4

Nº 126

	8		4		9		2	3
9	1		5		3		4	
4			8	2		9		1
2			8		4			
			4				1	
	7	4	9	2				
3	2			4				
8			6			7	9	
			2	7				

Easy Level

SUDOKU

FUN FOR ALL

Nº 127

				2		5		
		5		3			7	6
	7					2		3
4			1		9	7		
				6				5
	5		3	4	8		6	9
		3			5	9		
	8	4	6	7	2	3		
5							2	4

Nº 128

								3
	7	4		2		8	5	
			4					
8		6	5		3	9	7	
	3		7	4	6	2		8
		7	2					
				3		7		5
	8			6	4			2
	6	3			7	4	8	

Nº 129

		2					9	
7		8			6		2	
3			8	2			7	
	6		9		3			
	3				2	5		7
5	8				1	2		
8	4	5						2
	2	3		7	5		4	
9			2	4				

Nº 130

	8							
		6			3			2
	4		8	2	9	7	5	6
	1		6		8		7	5
8						3		4
		7	2	5		8		
	2	5	3		6		9	
	3		4			6	2	
						5		

Nº 131

		5			6	4		
		4	8	7	3			
3		7		2	5	6	9	
	8	3			2			5
			7	5	8			
9				8			3	6
4	3	8	2	6				
	5		3		7	2		

Nº 132

				2		9	4	3
2	6							
			7	1		5	2	
8	9	1		4				
				9		7		
7		5				2	9	4
6	8		5				7	
3				6				9
	5		9		8	6		2

Easy Level

SUDOKU
FUN FOR ALL

Nº 133

			8					
	5	3						
		2			6	3	8	
		7	4	8			3	
	9	5	6	2	3	7		
				7		2		5
	2	6	7		4			
7				5			2	4
3	8		2	6		5		

Nº 134

	2	7	4		8		5	
						4	8	
8			3		6			2
		5	8	3			7	
7		6			5	2		4
2						5		
5		8			4	3	2	
		2				9		
4				7		8		5

Nº 135

	3			2	9			8
6						1	9	
9				1		2		
5				3	7			
		1		5	2	3	8	4
		3						9
	1		5	9	6			
	2	6	1					
3				2	8	4		1

Nº 136

			8	9	7			
	9	5		6	4		2	
	7			3		9		6
		3	4					2
		4			3			
			6	2	9	4		8
5	4	8	9					
		9	2	1		7		
7				4			9	

Nº 137

	3		1		2			7
	6		3			8		
2								5
			8	7		2		
	8	7			5		9	1
		2	6	1			5	8
	9		7		3			2
		4	9	2	1			
					6		8	9

Nº 138

		5	2		3		8	9
8			4				5	7
7						6	2	4
2				6				5
	6	7		9		2		3
9				3		8		
	7				5			2
				4				
5	9		3			7	4	

Easy Level

SUDOKU

Nº 139

				3	7	6		
		8			4			2
	3				8	5		7
5	6	9				2	8	
	4				2			
3		7		9	6			
7			6		9	3	5	
	5	6	4	7				9
			2	8				

Nº 140

			7			2		6
8	7				5			
		6					7	
		5	9			3	4	
2	4	8				9		
3				8				
9		7		4			6	5
	8			7	9		2	3
4	5	2			8	7		

Nº 141

		2			6	3		
9		5	8			4	2	
	6		9	2	4			
2	4					6	3	9
	5	6	2	4		8		
	7							
					8			
	3	4	6	9	5			
6			7				4	5

Nº 142

					4			6
8	4		5	6		7	2	9
9					2			
	6		8		7		4	
5	2						7	3
				5		8		
			7			2		4
7	5			4	3			
6	9			2		3		7

Nº 143

	9	8		3		7		5
6				5	9		4	
			1					
				6		8		
					7		1	4
3		7	4	8	2		5	
		1	9	4				2
9			8	7			3	1
		6	2				8	

Nº 144

			8			6		
7		2		6		3	8	4
			7	4	2	1		
					6	4		
3	8	4	5			9	6	
		5			4			
		8			9		3	6
	7			5	8			
4	3				7			8

SUDOKU
FUN FOR ALL

Nº 145

		8	2			7	6	5
	6				9			7
7	5					2		
					2		4	
		4		7	3		6	9
		7		4	5			2
4			7	2		9		
2		9		5	4			
8			6			1		

Nº 146

	2		5			7	4	
				2			8	
5			3			6		9
8		3	6	9	1			7
2	5		8		4			
9				3				
4						8	7	5
3			2					
7	1			9			6	2

Nº 147

			3		9			
2		5		6	4			
3	6				8			
	5		8	6	9			
			4	1		8		
9	4		3					5
	1	7	5	2				4
		4	7			3		
			6	4		7	2	8

Nº 148

					5	3	4	
	5	8					2	
			7		4	5		
5	4		3			7	9	
								4
	2	7	4	5		8	6	3
	3				7	6	8	5
		8						2
	8				2	4	3	

Nº 149

						7	8	
	3		7	5	6	4	1	
2	7			9			5	
					1			6
	5	6		4	3			
3	8	2		6		5	4	
	6	3						
5			6					
	1	9	3		8	2		

Nº 150

	1				6	5		
	4	5	7					1
						4	7	
		7			9	2		
3			6		9			
9			8	1		6	5	
		9	1	5	7	8		4
	5				8	7	1	2
7				6				

Easy Level

SUDOKU
FUN FOR ALL

Nº 151

			3	4				
		8		5	7			3
3	7	4			6	5	8	9
			3	5	4			6
2	6							
5	4					8	7	
		7					2	4
4			5	7		9		
			4			6		7

Nº 152

	4		9					
3			8					
	5							
4				5			7	
			3	8		6	9	4
	8		4	9	2	5		
		8	2	3	4	7		5
5			6	7	9	3		8
	6				8	4		

Nº 153

	2		4	9				5
5		3	7			6	2	
	9			3		7		
		7		5				
						5	6	
	5			7	4	8		
2			4			9	7	
	7		3		8			4
4			9	2	7	1		

Nº 154

				2			7	4
2	5							
	6	7				2		
6					3	4	9	
		3				7		6
	7	5	6	4		3	8	2
			7		6		4	8
3			4	9	2		6	
			5	8				

Nº 155

						3	7	8
	3	4		2				6
	5			7		2	9	4
		3	6	9				5
2	9		5			7	8	
			2	8			6	
3	2		7					
		7	8	1			3	
8				3				

Nº 156

		7	6					
	2	3	8	7	4	5		6
4			3		2			
5				8			4	3
8		2	1	9			6	
				6				2
		4				6	9	
			5	4	8	3		
2				3				7

Easy Level

SUDOKU
FUN FOR ALL

Nº 157

		5			9	6	8	4
6				3	8	2	9	
			4		6			3
					4			5
			8		2			6
9	8		6	5			4	
1	2		7				3	
		4		6				8
				4	1	5		

Nº 158

	2		4					
4				7	8			
6	5					3	9	
9			7	4	6			
	1	6	3				7	8
	3		2					5
	7			2		8		
	8		7		9		6	3
			8	5		7		9

Nº 159

	2	9						3
	7		4					
1	3	6						2
3		7	9			5		
	1	8						
2	9			8			6	
6	4			5	7			8
	8	2		6	9	3		
9					3	7		6

Nº 160

	6	1	3		4			
3	9	5	6	2	7			4
						7		
		2			9			
			5	8	3			
			6			5	9	1
6	8	3	9				7	
2	1				6		3	5
	7	4						

Nº 161

		2		9				
	7		2		5		4	
9		8	7	4			2	
		6		2				1
		9			4	8		6
	3			6		2	5	
	6	5	4	8				2
3	9			7				
	8		6					4

Nº 162

		6			5	2		
				4	2	8		
	3		6	9			7	
4				2	8	9		
	9	2	1	7	4		5	8
		9		3	4	2	1	
	1	3						
	7			3			8	
		4					6	

Easy Level

SUDOKU
FUN FOR ALL

Nº 163

			2			7		3
		7			3	6		
	9					5	4	2
	8	6	9		2		3	
7		9	6					
3	2			5	7	9	6	1
		3				2		
	6	2				5	3	
	3				6			

Nº 164

			5				4	7
	7			9	3		5	6
5						3		
2					7	4		
	4	7	9		8			
6	3		2		4	7		8
7				5				9
	5	8			2			4
4				3				2

Nº 165

		8	3	5		7		
	7	5		8	2		9	
4						2		
	8	2	7			4		5
	6		4	2	5	8	3	
		3			9			
	5	4			8	6	7	
			6	4				
					7			3

Nº 166

	2	7	5	4	8			1
				1				
4	5							8
	6						4	
3		8	4	9	6	7		2
9	4			8	5	6		
					2	4	3	
2	7			3	4		8	9

Nº 167

				4			8	
6	7	4		9	8			3
2		3			5	4		
		8	4	7	2	9		
					3	7		
4	5					2		
	2			5				
			7	1	9	6	3	2
			6	2		1		

Nº 168

	6		7		9		8	5
7		4	2	3	8			
3	9							
9			6			1	5	3
5			8			9		6
			5		3	7	2	
						2		9
	7			8		5	6	
		9	1					

Easy Level

SUDOKU

FUN FOR ALL

Nº 169

		4			2		9	
				3	5	2		
6		2	7			1		
	4				3	8		
	3			8	7	4		
			2		4		7	
5	8		3		6		4	
				7	8	5	2	
			5	9	1			6

Nº 170

			9	4			3	
4						7		
	5		6	7		2		4
9				1	3	5		
		7	4					
		4				8	7	6
2			8		6		5	
6	9		5	2	4			7
8						6	2	

Nº 171

	8		7	9		6	5	
3	6		1	2	5			
9					4			
		9	3	5		2		
	4	2						
	3	8	9			1		5
	5					8	9	
				1			3	6
			4	6	8			7

Nº 172

		1	6				5	3
4		6	7			2		
3			9	1				
9	1	8			3			5
6	7					1		
1		5		7		3	2	4
2	8			4		5		
7			5		6	8		

Nº 173

			5		3	7		
	5		6	9	4	8		
4	3			7			5	
		4		3				
3		2		8			6	4
	6			2				
			3	6	9		8	7
8	2	6						
	7		8		2	5		

Nº 174

	8	7				5		6
		3	2		8			
		2		5		3		
	5	8			3		4	
			5	7	2		6	
	7	6	9				5	3
	4				5	6	9	
								5
8	2			6			3	4

Easy Level

SUDOKU
FUN FOR ALL

Nº 175

				9	7		8	5
	2	4	6					1
7	5						2	9
					5	2	9	3
		6		2			5	
		2	3				6	
	4	9	7	3	6			
	7				2			8
		5				7	3	

Nº 176

	6			2				
4	3	2				5		9
	7	9	4			2		8
			2	7				
2	8				3		5	
		4	1			7		3
8			7		9	4		
7	2		6					
			5			8	7	6

Nº 177

			2	6	8			
		3	7	5				
	2	8	3	4			6	
			5					4
7					8	9	5	
9					6		3	
6			4	3		5		7
	8							3
	5					2		

Nº 178

	4		6	5				
		6	9				7	2
		5			1			9
		3	4	9			1	
2		8	1	6	7		9	4
			3					
	7	2					3	6
		9	5	4		7		
	3				6			1

Nº 179

	6				9		7	3
7			6	8	1			
4	5	8	3	2				
		7	8		2	3	5	
5			7	3	4	2		
	2							
2				7		9		6
				6			8	
8					5		2	

Nº 180

				5		2		8
4					9	5	1	
				8	4			6
	7	1		4	6		5	9
							7	4
5			7			8	3	
							8	
	6		4	2	5			
9	4	5		3			1	6

Easy Level

SUDOKU
FUN FOR ALL

Nº 181

	4		6				2	
5								
		6	7		5			8
2		7		3	4	8	6	
9								4
4	6	8		7				3
		5	4				8	6
	8			6	7			5
6				5		7	3	

Nº 182

		2		5	6			3
4		8		9	3			2
			7	8				
	6						7	
8								4
7		5	8		4		3	6
6				3			4	7
							8	
2		7			8	6		5

Nº 183

		8				3		6
9			7		2		4	
	4					2		
			9	2	3	6	8	
		3		5			9	2
	2		6	4	8			5
6								
		2	4	6		5		3
4	3	5						7

Nº 184

					7		8	
	8				6	3	7	2
2	7		8		3			
8	2			7				6
6	9					4	5	
				1			2	3
4	6		2	3				
			9			4	5	
	3		7	5			6	

Nº 185

				8				
8			7		3	6		
		2	9		6	3	8	4
	6			2	4			
	1	8	5			4		6
		4		6		7	3	
						9		3
4				3				8
9	3		6			2	5	

Nº 186

						5		3
				7	3	9	1	4
			9		6			7
6		3	1	5		8	2	9
7							4	6
	9			4	8		3	
	2					3		
		7					9	2
	6		8			2	4	

Easy Level

SUDOKU
FUN FOR ALL

Nº 187

					6	8		
7	6	4			5			
								5
5	8	3	2		9			4
6					8	2		
	2	1				5		3
4	1			5		7	3	
		9		6				8
2			8	4	3			1

Nº 188

		5	7	2	8	4		
		9		5			8	3
6			3			5		2
		3		6				
		8			4			
2	4	1	8	7				9
8	3				7			4
	9	7				6		
				8	3	2		

Nº 189

		6		2			4	8
3		2		4	6	5	7	
4	7	8	3					6
		4	2	9		8		
			5					
			6					
		9			2	4		7
		5			3	9		
6	2	7		5				3

Nº 190

			4	6		1		
2	6	8	3					5
		3			7	6		
		6			8			2
8	7		1	2	6	5	3	4
	4							9
6			7				8	
			6			3	5	
5	2						4	

Nº 191

	9		1	4				
3		4					1	
	6				3			9
		3	6	9			2	
		7	8					1
	8			1				
	1				4	7		
4	7	9		8	1	3		6
8	3	6	5	7				

Nº 192

	6		8		2		9	5
	8		4			7		
4			3	7				2
5	7	2			3	9		
			2	9				7
1		9		4	7			
						2		1
8			2					
	7		6	1			5	4

Easy Level

SUDOKU

FUN FOR ALL

Nº 193

	5					2	6	
	3							7
		9	8	2	6	3		
		2			4		5	
				6	5		2	
9	7	5						
		4		8			7	3
		7	6	4	3	9	8	
	8				7	5		2

Nº 194

	7		1	5	3			9
			4		7		3	
		8						7
			7		6		5	
9			8	4				6
6	4			3	2	9	1	
	9					8	6	5
					5			
5	2		6		8	7		

Nº 195

				7			1	6
				4				
1	8		9					
		3	6					9
	9	1		3			8	7
		6			4		3	5
					9			1
6		9	2	1			7	3
7	1				3	9	6	8

Nº 196

		3						4
	4			2	8	9		3
			3			7	5	
			7			5		1
7	5							8
	6	8				4		
8		4			5	2	3	9
		6	2	4	3		7	5
3							4	

Nº 197

	7		3		6	2	5	9
				4	7			
5	6			8				7
		2			8			4
	8			5			2	
3		6			4	7		
			8	6	5			
9			7		2		8	6

Nº 198

				4		7		5
2							6	
		4		7		3		
	4	6	3	9				
9		7		6				
		8	7		4			2
7	5				3	9		4
		9	5		7		3	
6	8	3		2	9			

Easy Level

SUDOKU
FUN FOR ALL

Nº 199

	9	7	4		5			6
				2		7		4
	8		3					
4			5			2	6	
			8	3				5
8			7	4	6		3	
7		6		5	8			3
		5	2	6				
3			9					1

Nº 200

	5		4			3		
2	7			3	6			5
		9						
6	4			7			8	
	9				5	7	3	6
5							4	2
			2					8
7	2		3			4	6	
					8	2		3

Nº 201

	5	6		4		9		3
4	3	8	7			5		
		9	3			6		
			8				6	
3								8
5	8					2		9
		5	2			3		
9		3	6	5	7	8	4	
							5	7

Nº 202

	4		8			6		
	8			9	7			3
2			3		4		9	
7		8		4	9	5		
6		4		3		9		
9				8	5		3	4
		1		7			4	8
		7						
4	6							9

Nº 203

		5	8				7	
3				9	1	4	5	
	4	8	6		5			
					2	5		
	3		5	6	8		4	2
5			3		4		6	7
8	9		1			2		
6	5					3		4

Nº 204

			2		3	7		
7						6	8	9
	6	3	4		7	5		
1			5					7
3		6	7			9	4	
	8		9				6	5
	7				6	4		
		1	2			8		
		8	3	4				

Easy Level

SUDOKU

FUN FOR ALL

Nº 205

					4		3	
				8	3		2	
	5	3					7	6
				4	8		1	7
7		8	6		9	3		5
		9		7			8	
		1		5			9	3
	8							
6		4		9	7	2	5	

Nº 206

			5	6		2		
	8						7	9
2	4	6	3					5
8					4			2
		4				9		3
	7			2	3			
3	5					4		6
4		7	8	3	9			1
			6	4		3		

Nº 207

		2		7	8			4
9							2	5
	7		2	5				
					4		7	
5				9		6	4	3
8							9	
3					7		6	
	9			4			5	2
	2	5	9	8	6	4	3	

Nº 208

		6	8	9			4	
	5		4			6		1
3		7					8	2
				6		3	9	8
						4	5	
		9	3					
		3				2		
4			7	3	2	8	1	
8	1	2			9		7	

Nº 209

		4				6		
	3				8	7		5
			6		7	2	4	3
3						4	2	7
6							5	
		5	2		3			
	6				2			4
9					5	8		6
7	4	8		6	1			

Nº 210

			7		8			4
7	6			4	9			
						7	9	5
6		9	4				1	
3	1	7					8	9
					3	5	7	
		3	8				5	
2	4			7		1	3	8
					1	9		

Easy Level

SUDOKU
FUN FOR ALL

Nº 211

		8	6	2	7			
3			8					6
	1		9		4		8	7
				4	6		5	8
	5					3		
			7	3			2	
	2	9	3			5	8	
		4			8			
7		6	4				5	9

Nº 212

	7			9		8		
	4					9		
9	6			1	2	3	7	
8	9	7	2					
		2		8	7		9	6
			4	5		2		
				2			3	5
	2			4		6		8
	3	6	1					

Nº 213

	9						2	
	6	3	2	8				7
2				4		3		5
					2		3	
	5			7		6		4
		2		5		6		
	7		6	3	8			
	3	8			5		4	6
6		5						

Nº 214

				4				8
5	4	6			3			
3				6		5	2	4
			7					3
7	3		8		5		9	
	6				4	2		
	7	5	4		2		6	
	9		6	5			4	
			3		9		8	

Nº 215

			1	9	8		3	
	2	3	4	5				
5				7		4		8
	7				2		5	
	3	5		6	4	8		1
			9			7		
9			8	2	1	3		
				3		5		
3	6						7	

Nº 216

		4	6	7	2			
	7		8	4				2
	2		3	5				
		5					8	
	4	2	7			5	3	9
	9				3	4		
5	8					2	7	4
4		7		2		8		
			4			3		

Easy Level

SUDOKU
FUN FOR ALL

Nº 217

			1			8		
8	4	3	5		7			
6	2		4		3			
		2	6	3	8	7		
		5		4		6		2
9			2	7		4	3	
		7		5			6	
2							5	
	6				4		2	

Nº 218

	9			6		8		5
7	6				4	2	3	
		4			5	6		9
	4	6	3			7		
	3		8	2	7			
	1			5	6			
		3				5		
6	2			7	3			
4	5				8			

Nº 219

	3	5						4
					8			
	6		4	3				8
			2		3	7		6
		3	8		7			
	7		9		5		8	
5		7	3	8			4	9
	4		6			8		2
		8		2	4			

Nº 220

		9	7				3	
			3	2	5	4	8	
3		4			7			
5								7
6		2	4			9	8	5
9			5	8				2
7	3				4			
		5				8		
4		8	2		7	6		

Nº 221

	4			8		7		
			7			8	2	4
7		6			2		5	3
		8				6		
	7	3		9	6		8	
		4		2			7	1
	5		2	6			4	
				5				8
			4	3		2		5

Nº 222

			4		8	2		5
			9		6		3	
	2		5			7	4	
8		5			2		7	
3						5	2	
2		4	3	5		6		
			7					
4					5	9	8	7
	8		2	6	9			

Easy Level

SUDOKU
FUN FOR ALL

Nº 223

		5			2	1		8
			4			2	5	
	8	3	1	7			9	6
		8	5					
	4			6		3		2
		7		8	4	5		
					6	8	2	
5	4	8	2					
	7			5			4	

Nº 224

				2				4
7	5			9		8		
		4		6			7	9
	7		5			4	1	6
4	3					6	2	
		8	2					
		7		3		9	2	
	8		6	2			5	
6		2			5	8		

Nº 225

	8		7					
					2		4	3
3			4				5	
			2	7				
			3	4				8
4	1	9		6		3	7	2
8		1	5		6	4		7
		3	9					6
2	6				8		9	

Nº 226

	7							
	3	9			5	6	8	4
			3			2	7	9
		7					9	6
				7				
	5	2			6	4		
		3	8					
7		8		4	2			5
6				3			2	

Nº 227

					5	1	3	
	5	2	3	1		8		
3	8		9	4				6
5	7			2		3	6	8
		8	4			2		
						9		4
		3					2	
	2		7	3				
	4				6	7	8	

Nº 228

	9			4	6	2	7	
	5		7					
		7		9				
7				8				5
	8				4			1
		3		5				2
	3	5	4			2	7	
		9	3		2	8	5	4
4	2				5		3	

Easy Level

SUDOKU
FUN FOR ALL

Nº 229

		5	2			7	9	
2			4		9		6	
			3			4		7
			7	9	6		4	1
	7	1	5		2		3	
5					1		7	
1		3	6	7	8		9	
	4			5				
9								

Nº 230

	2		5		7	3	8	
5		6		4	3			7
7		8						
2	8				5			
		5				7		6
							5	
3				2		8		
8			4	5		6	3	
		4		8	6	9	7	2

Nº 231

				7		3	9	
		2		8		1		
3	5			9	2	7		4
6				2		5		
		7				6	2	3
2	3			5		9	4	8
						4		
					5		3	9
				3	8		6	7

Nº 232

		6					5	
8	4		1		6			2
	2	7					4	6
	6	2		9		5		
		5	2	7	1			
9				5		6		
6		9			1	2		4
	7	1						
		4			9	6	3	

Nº 233

	6			7		3		
5			4	6				
		2	8	3		4	5	
7		3	1		6			5
	6	5	9					
8	4				5		6	
		7	3	5			2	
6	5			7	9			
			6					7

Nº 234

		5	2	7		4		
		3		6	5	7		2
		7		4				
		2	4	5	7		6	
	5	8	3				7	
	7				8	2	3	
		6		9		8		
	8			3		5	2	
2	4							

Easy Level

SUDOKU
FUN FOR ALL

Nº 235

	5		8	4	7	3		6
		3	5		2			
					9			
	4		6	5			9	7
	8	6						
			7	2			6	
		2		7		4		3
		4		8		7		
5		8		3	4	6		2

Nº 236

			1	9				
2		7	4					1
	8					9		6
9		8	6			3	1	
	6		5	8			4	9
			2		9		5	
	1	9	7		6	8		
8	2						9	
4	7				1			

Nº 237

		1				7		
	3	2			5			8
			7			4	2	
		7						
4	2	5		8		9	7	3
			4			5	2	6
	8			3				
	5		6			4	8	
9		6	8	2		3	5	

Nº 238

		1				5	3	
	7				8	4	1	
		3				9	6	
						3	2	
	3	4	2	9		5	8	
7		2	6	5				
			8	2	6			5
	2		5	7	8	3		
6				2				

Nº 239

	2	5	6	1				4
	4	9		3			5	
8			4	5	7			
		8			5			1
			2	1				3
	1				3	9	7	5
6	3					5		
2						6		
	9	7			6			2

Nº 240

					7			
7	2		9	4		5		6
6	4	3					9	
	7					6		
	1		6		5		3	8
		5	3			7	2	
4					1	8	7	3
	3		7					
8	9		5					1

Easy Level

SUDOKU
FUN FOR ALL

Nº 241

	8	2	6	1				9
		9		5	2			7
5		6			9		4	
	2						7	4
	4	7					1	6
1		8			6	3	2	5
			9					3
					1	4		8
				6				1

Nº 242

					2			
		9			4	8	6	
			3	5	7	9	1	
7	6	4						2
	1	3	5			6		
				3		7		1
4		7		2				
2	3				5			8
5		6			8	3	2	

Nº 243

	2	9		4		5	8	1
				5			2	9
	3	1			7			
1				5		9		
8	5		9			6		
			8	6			5	3
		8		7	6			5
		5			4		3	2
3		4						

Nº 244

	4			5	6			7
7		2	8		9			3
			6					1
	2			8	1	4	6	
	8	6			4	7	5	2
	5			6				8
2	1			6				
		8						
			7	9			2	6

Nº 245

	4			5			6	
		1		6		2	4	7
						5		9
4	6	8	5	9		7		
		7	8	2				
	9	3	6				8	
6		5				4	7	
1						3	6	
7				4		8		

Nº 246

	7				8	6	3	5
	1						4	9
	3	9			5	8	7	
			8			7		
5			1		2	4		3
	2			3	7		9	
	5							4
7		1			6			
3			5			1	6	

Easy Level

SUDOKU
FUN FOR ALL

Nº 247

		9	4	6	1			
5	4							
	6		7		9			8
				4	5		7	
		8	1	9	7			3
		1		3	6		5	
3				7				6
8		5						
		4	5	8	2	3		7

Nº 248

				7				
	6			1		8		
		4	6		9		5	
	5			2				
4	3			8		2		5
	7		4		5	3		
	8	7	2	9	4			6
		6			3	4		
4			5	6	8			2

Nº 249

				5	4			6
9	5		2		6			3
8	6				7		4	2
2		7	6					8
6					5			
5				7		4	6	9
3			5		8		9	
4	9			6				
			9				3	

Nº 250

	6	8		3				5
4				7		6		
		2			7			
6		7	2			8		
8			7					6
	5	1	6			9	7	3
			3	4	2	6	5	
		4	8	7	6		3	
				5				

Nº 251

				4				6
	7	4		9				
2		6	3	5	8	9		
		9					3	
	8				9	6	4	
	4	5	7	2				1
			9	3	1		5	
	3			8				9
			6		5	1		3

Nº 252

		5			9			
		6		1			3	5
	6	9	4	3			1	8
	9	1	5	8	4		7	
	7			1				
6	4	8		2			9	1
2					1	6	4	
				3		5		
	7							

Easy Level

SUDOKU
FUN FOR ALL

Nº 253

			2		9			
		7		9	2	3	8	
			3	5				
		6		3				
7		3	8	2	4			6
	9	8		7		2		
3	4				6			2
2	7		3					5
	8		2		4		1	

Nº 254

	4			9			2	3
9	7	2				4	1	8
1								9
						5		
6	9		3			1		
			2	1			4	
5			9		2			1
2		3			1		9	4
	1			4			6	5

Nº 255

	3			5	1	4	9	
	5			8			3	2
	2				4	7		
					9		4	
4			6	2				3
		5	4			2		
2	8			6				
	7	9	5	4	2			
		1		9	3			7

Nº 256

			9	2				8
			8	5	1			
3			1	6		2	9	
5		6		9			3	4
	4					5		
	3	9			2		1	
			4			9		
		1	2				6	
	5	4		1	8		7	2

Nº 257

		1	9	7	3		4	
					8			
3		2		4	5	6		8
				8	9			5
7	2	9					6	4
	8				6	9		3
2								6
							3	7
		6	3			4	2	8

Nº 258

		3			6		9	7
		9	5			4	8	3
		4				5		6
2				5				
					7	8	3	2
	7					9		
	8			6			7	
		7	1		9	3	5	8
		2		8			4	9

Easy Level

SUDOKU
FUN FOR ALL

Nº 259

		7		5	3		2	6
5							3	
	2	6			7		5	
	6		4	7	2	3	8	
7	8					6	9	
		1	6	8				
					4			8
	9		7		5			
			3		9	7	4	

Nº 260

		3			7			4
2	9			6	5		7	8
	4	7						
		6			4	5		
			7			4	2	
3			4	2	8		7	
	7	9						5
	3			7		8	4	6
		2	1		3			

Nº 261

			2	6		5	3	
4					8			
	5	9				4		8
5		2			9		8	
			8					1
8	7		3	2		6		
7	3		1			9	6	
2				9				3
	4			3	6	7		

Nº 262

			3	1		8		9
			6	8	5	3		
8	1				4		5	6
	8			2				
4	2	6		3				8
		7	4		8		2	
	5							3
		7				5	9	
2		9		5	3			

Nº 263

	6				4	2		
9	2	7		6				
	3	4	9			1	5	6
2	6		4	8				1
	8		2		3			
4			3	5				
	9				7			2
1			6			5		3
				4		7		

Nº 264

		1		7				
			1			2		
3		2					7	8
			6			4	2	
6		5	9	4	7			
4		9	8					5
	5	3	4		8			
7	6		3	2	9	5	4	
			7	6				

Easy Level

SUDOKU
FUN FOR ALL

Nº 265

	4		9			2		7
				8	6			
		9			7		6	
5								1
		3	7	1	9	5	2	
	7	1			5			9
	3		6	5	8	9	7	
					3		1	5
		8				6		4

Nº 266

	3			5	2	8		
				7	3	6		
	5	8			4	3	9	7
6	8	2			5	7		
	7	4		6		9	2	
5		9	2				6	
	3	7						
	7				9	2		6

Nº 267

			9	6	4	3		
	9		5	7				
	2				3			
			2	3	8	4		
	7	3	4				5	
8		2		5			9	
	5	1			9	2		
4	8	9	6	2		5		
				8				4

Nº 268

		9	2				1	5
	5	1	3		6			
		7			1	6		
5				9			8	7
6		4	8			5	9	
	7				4		6	2
							4	
1			4	6	2	9		
				8	9	1		

Nº 269

		7		5		8		
	5			4				
9	4			8				2
5			8					6
				9		4		
			5	2		3	7	
6			2	9	3	4		
4	2	9		7		8	6	
7	5					2	1	

Nº 270

		3				6	5	
	2					1		7
			8	7	9	3		4
4			5	2	6			9
			8		6			
6			3			5		
8	5				4		9	
3		6			8		5	
				6	5	8	7	

Easy Level

SUDOKU

Nº 271

	6	7		8			3	
3	2	8	4				6	7
	4			6				8
			7	9			1	2
		1	8	3	2		9	
			5	4				
2							4	5
	8						2	9
		5			4		7	

Nº 272

							2	
2			8		4			
			9	6	2		4	
	3				6			2
	4		2	5	8	9	3	
8	2					5	6	7
	6			8			7	
4		8			9	3	5	6
	5				3			

Nº 273

		3				9	2	
4	5				9	6		
			2	7	8	4		
			9	3		8	6	
	2			6				3
			8			1		2
8	4					3		9
3	9	1		8	4			
2			1				4	

Nº 274

		7						6
5			6		3		8	
		6			8		2	4
8	3							
		1			7	4		
9	7	5	8	2	4			
7	2		4				9	
		9					3	5
	5			3	9	6		2

Nº 275

		5	6	8			3	7
	2							6
7	8	6	5			4		
	7			3			2	
	5						6	
	6		2	5	7	3	9	
			3		4	6	7	8
6				7				
8		7					5	

Nº 276

	5	7				8	2	
	9	8	6			4		
								7
3		5			6	2	8	
			5				7	
6			7	4		3	5	
5	2			6	8			
7		4		5				8
8	1	6					4	

Easy Level

SUDOKU
FUN FOR ALL

Nº 277

	6			2			9	
4							5	
7			4		3			
	5		7		2		6	
					8	2	4	
			6	9		3	8	
	4		2	6			3	8
	3		8	7	4	6	2	
6		2		1				

Nº 278

					7			3
3		7	6	4			9	
		1	2		3			8
8						7		1
	1		4	3		2		9
	3			8				
1				4	9	5		
2				1				4
	5	9		2		3	1	

Nº 279

		2				4		
			5	4		6		2
	3		6			7		
5		3	2			8		
	6			8		7	3	5
	7	8	3	5	6	9		4
8		6		2	5			
			9		8			
		5						7

Nº 280

		2			4	5	8	9
1		9			3	2		
7			8	2		6		
9				5				
	2	4		6	9			5
		8						
			4		6			2
4	5		3					6
		6	5	7	8			3

Nº 281

				3	2	4		9
				2				6
4		6		8	9		3	
8	4	5	9	6		7		
3	9		7			4	6	
6					5			
2	1		3	9				
5								
	6	3			8	9		

Nº 282

			7	6			4	5
	2	4		5				8
7		8	2			3		6
			9	4	7			
	7	5	8	3				
2			6			7		
3	6					8		
5				3			6	
4		7		8			3	

Easy Level

SUDOKU
FUN FOR ALL

Nº 283

	5				2		7	
7		2				6	4	3
	8		4					
5	6	7		2	3			4
	4							
	9	8	7	5	4		3	6
6					5	3	8	
			6				5	7
4					8			

Nº 284

				9		4		
3		9	2		4			
			1	5		6	9	2
	7			6	9	1		3
2				1	8	5		
			5	7		9	4	6
		1						
9	8			2				
	3	5		1	6			

Nº 285

		3			6			
6	5				4			2
9	2	4						
						8		7
	6					3		
8	7					5	2	4
		8		6	2	4	7	
2	4		3			7	8	5
7			5			8	2	

Nº 286

				9				4
	3	1	4	7		9	8	5
4		9	5	3	1	6		
	9	4			7		3	
3		6						
2	5				8			9
						7		6
					4	2	9	
	7				5	3		

Nº 287

			3		7		2	6
7				6	8			3
6			2	9		8	4	
2	3	5	4	8				
							6	2
		6			3			
	6			5				4
	8			7				5
		7	2	8	3	4		

Nº 288

		7			6	5	4	3
4		8	5	9	7			
	2	6			3	8	7	
	7	9		5			2	
			3					6
			3					7
	4	5	7			2	8	
		2						
7	8				6	2		

Easy Level

SUDOKU

Nº 289

	8	9	3		6		2	4
		5	8	7				
7	3		2					
				3		9		
3	4					8		2
			7					
2		7	5	8	3			6
8	5		1				3	
			9		2	5		7

Nº 290

			7				6	
		2		8	4		7	3
7	5				6	4		
	8		2			7		
	3	6	8			5		
	7			6	9		3	
		3						7
5	6	9	4	7				2
			6	3	8			

Nº 291

					2			
7	3						5	2
8		6				7		
	8		5					
	7		6	4			8	5
			9	7	8	6		4
2	4			6	5	3		7
5		8						6
			4			5	2	8

Nº 292

	2	4	5	8	3		9	
		9		1			2	
	7							1
					7		5	
3		7				1		
2	6		9	4		7		
	4			6		5	7	
7	5			2	8		4	
		6		7	5			

Nº 293

								7
	4		5	6	7	8		3
			3				2	
	2	4	8					5
	7			5	3		4	8
5		8	7	4				6
2	8	7			9	4		
		5		2			3	9
3								

Nº 294

			2	6				
4		3	7		8			
9			3			7	8	
		2	4		5	9		6
3				8	2	5	4	
					3		2	8
		5	1	3				
	9				7	8		
6		7		9			1	

Easy Level

SUDOKU
FUN FOR ALL

Nº 295

	4	8			7			
					5	8		4
6	7	5	4			9		
2			3	8	6	7	5	
8			5		2		3	
			7	4		2		6
5						3	4	
		3		2				
			9				2	7

Nº 296

9	3			2				6
		2						3
	8	4						
3						4	5	8
			5				6	9
		8	3				7	2
	4	5	8	1	9		3	
		7	6	5	2			
		6	2	3		5		

Nº 297

	7	8	9			3	5	4
	9				1			
		2	8					3
8	4	1			2	7	5	
	2			7				
	5					8	2	
5	3	6		2				7
2		9		3	5		6	
								5

Nº 298

	3	1	6		7		5	
					8	4		
9		4	2			3	8	7
6		7	9	2				3
			7	8		6		
	9				4			2
3			5		2		6	8
		8					2	
	2	6						

Nº 299

		3		6	4			8
8				2				
	2	7			3			5
3				9			1	4
			4	3		8		
5		8				3		
	9	4		5			7	3
	8	5		1	9		4	
			6	4			8	

Nº 300

			8	7		9	3	2
				2				
						4	5	
			6	8	2			3
	8		2	5		6	7	
	3			4	9			8
2				8		7		
3		7	5				9	4
8		5			7	3		

Easy Level

SUDOKU

FUN FOR ALL

Nº 301

	9					8	7	
	7			3	5		9	2
2			7	6	9	3	1	5
					2	9		
7						5	4	
6		9	5	1				
					8			
9	6	3	1		7			
8	1	4						

Nº 302

			3			4		
7			9	2				
		2	6		8			3
		9					6	7
3				9	2			8
			8		3	2		
8		5	2		7		9	4
			4	5				1
6	4	7		8				2

Nº 303

	4		7				2	3
6	8							7
	2	3		4	5		6	9
	3			5			8	4
			4	8				
				2				6
		7						5
8	6	2				7	3	
3	5	4			6			8

Nº 304

	5							
3			2				4	8
		8				6		3
	2		5	8				6
	6	4		3				5
		3	4	7			2	9
	9	5	8		7	3	6	4
6					5	7		
						5		2

Nº 305

	2				9		3	
		3	2		1	7	8	
		1		3	4	9	6	
8						6		
		4				2		
				5			7	4
7		6	9	4	5	1		
2			3				4	6
		5	8			3		

Nº 306

	6				4	9		
			3	6		1		5
	3				2		7	4
	8	2				4	6	7
	5	7				8		3
			7		6			9
8	7		6					
				9	8	7		
			4	7	5		2	

Easy Level

SUDOKU

FUN FOR ALL

Nº 307

						2		
				1	3	4	5	
6		2	8		5			
	7		9		2			3
			1	3	7		4	
2	3				4			7
		5				7	3	
7	9	6						
8	2		4		9		6	5

Nº 308

	4		5	8	1	2		
8								
1	3	6				5		4
					3			
	5		6					
7		4				1		8
4		3	2	7	9	8		
6	7			5		3	9	
		9		3	6			7

Nº 309

	8		2		4	9		5
5		2	9		3	4		
7	4	9					2	3
						3	5	7
9		7			8		4	
4	3	5				8		
	9						3	
		6		8				2
	5	8						

Nº 310

			2		8	5		7
		5		6	7	2		
	3			4	9	6		8
7	6	2	9			8		
	1					9		
9			7	8				
						3		5
5	7	6	8					4
	9	4			2			

Nº 311

			7	1	8			
7	1	4	2	9		6	3	8
	8		6				7	5
	5					4		
								7
			4	8	6	5	9	
		2	3	5			4	
			8		2			3
8	4				7			

Nº 312

			6	2	9		8	
				3		6		
9	4		1			2		
7	3	4	2		1			
			7			8		3
		8	5		3			
4	6				2			
	2		9		5	4	6	
	7	9	8		6			

Easy Level

SUDOKU
FUN FOR ALL

Nº 313

	8							
2				7				5
	3	6	8	5	4			
	6				3		7	8
			6	4		9		
8			1				5	6
6				8	5	7		4
7	2			3		5		
	5	9	7				3	

Nº 314

	3	4			1	8	2	
		8		4	2		6	
9					3			4
								3
8			1		4			
2		3	7			5		
		5	3	2	6	4	9	
6						2	3	
3	9						8	6

Nº 315

	6			8	4			
	5	8		7	3		4	
	7					2		
							7	9
			6	7	5	3		
7	3		8		5	6		
			2	9			8	7
	8	7				9	1	5
5			4					2

Nº 316

				7				
6				4	5			8
7	2							5
				3	6	8		
			4	5	8			
4			8			2	6	
	7					2	3	
5	4	9	3	2				6
	3	2		8	7	5		4

Nº 317

			3					6
4	6				8	5	2	7
	8			4	6	3	1	
3					4	7	6	2
	7	5					9	3
		4		7		1	8	
				6				8
	2						3	
		6	8		3			

Nº 318

		4	6	2			7	
	9	7			3	6		
				1	9			5
	4		8					
9		5			2		4	
3			9			8		7
5				9	6		2	
		9	1			7		
	6			2		7	9	1

Easy Level

SUDOKU
FUN FOR ALL

Nº 319

							6	
8		4					7	
	2	3	6					4
	4	7		8		9	5	3
	1	8	9		3	7	4	
	5		7	4				
				7	8			
		5				8	9	7
		6	4	3				5

Nº 320

		8	2					3
4			1	7		9		
		9	3			5		
2	5			8			6	
8	9	1				2	7	4
	3			4	1			
9								2
	7	2			6			9
3		8			2			7

Nº 321

	7			8			9	
		3	9		6			4
		6			5		3	
			5				4	8
	9	4	3	2	8		6	
7	6			4				
3					2		5	6
6							7	3
8	5	7	6					

Nº 322

		4		3				2
9	3							
	5				8			6
4			2				3	8
			8	6				4
6	2			4	7	5		9
3	8				4			7
2	4			7			9	
		6		8	3	2		

Nº 323

		5		8		3		4
8	2	6	9	3	4	5		
			7	2	9			8
			4	1		6	3	7
	3							
	7	9	8	6			4	
		3					8	
	8	7		5				2

Nº 324

	8		1			7	5	
	5	9	7				6	
			2				8	1
			8		5			6
3	6	4						
				7	4	2	9	
8		6		1		9		
7		1	9					5
2	9				8			3

Easy Level

SUDOKU

FUN FOR ALL

Nº 325

		9			3			8
1		8		6	9			
	7	4	8		1		6	
					2			1
4	6				5	7	9	
8		2	3	9			5	
			7	3		2		
						6	7	3
3	4							5

Nº 326

	9			4		8		
		2		9	6			
		7	5			2		
		9	4	6	2		7	
7			3				8	4
3	6	4		7	5	9		
	7				4			8
				5	8			3
	4	8	6					

Nº 327

	9						7	
	6			5			2	3
3	8	2		9		4	1	5
	5	4			2			1
9	2		6		3		5	4
		1	5	4				
		3						
	7			2		1		
					4	6		2

Nº 328

					8		2	
		3	5		7	6		4
		8					3	5
							4	3
3		7				8		
8	6				4			
6	7							
9	8	5	4	2		3		6
2		4					5	

Nº 329

				4		6	9	
		2			6	3		
			1					
7					4		2	8
3		8		2		7		
6			8	5			3	
		6			9	4		5
2		3			5			9
9	4	5	6		8		7	

Nº 330

				3	4	8		
		3					1	4
6		7		2			3	5
4				6	9			
5				8	3	2	4	
	3	8	4	7	2		6	
							5	
7		4			5		2	
	6				8			7

Easy Level

SUDOKU
FUN FOR ALL

Nº 331

		6	2	7	8	5		
		5		9			2	
	9	2		4				
			6	4	7			
		3			6			4
4	6						5	8
	1				2		7	
	8		7	5		9	6	
	3	9	8		6			

Nº 332

		2	7	4		6		
5		8				7		
4	7			5		3	2	
	8				4		6	
2	4			8			7	
	3		9			5		
	5	7	4		3			
		5			8	2		
	2	3		6			5	

Nº 333

	7		3			6		9
	4	8			1	2		
	3					8	7	
					8	5	6	
6		3		9				
	1		7			9	2	
	5		9		7	4		
4	2	7	8					1
8		9		5				

Nº 334

		6				2		1
	4					7		
2		3	7		1	9	8	6
			9		1			
	6	2			7			
8				2	6			
3		7		9		8	1	4
	8	1	4		2			
5					8		2	

Nº 335

			3	8			5	7
	7	3				8		6
	8	4	7		9		2	
	3		6	2		5	7	
								3
7	5	6						
	9						3	4
		7	8				9	5
3			2	4			6	

Nº 336

		9						8
	8						4	3
7	2				6		9	5
8		6			7			1
3	1		8			9		2
2	9			4			8	6
		5	6					7
	3		7			2	6	
		2			8			

Easy Level

SUDOKU
FUN FOR ALL

Nº 337

			5	2		4		7
				7	3		8	2
5			6		8	3		
	6							8
4	3	7		8			9	5
			7	9		6	3	
	8	3					5	4
6						2		
			4		5	8		

Nº 338

	6				2			8
		2	3			9	5	4
		4		5				
	3	5		2			6	
7					8	1	9	
			5	6		3		2
		7	6					
6	4		2		3	5		9
2							7	3

Nº 339

			5					7
		9	4	8	2			
	3				9	6	4	
	8			2		7	4	
		8			5	2		
		6			7			
	5		2	8		4	7	
	7		4	6		3	5	
2		4			5		8	

Nº 340

	6	3		5		8		2
	7						3	
4	5							
		4	8		7			6
			9	2	3		7	8
8	2	7		6		3		9
		8	6		9		5	
			4		2			
2						7		1

Nº 341

		6			4			
3		5						
7	4				9		1	
	8		2	9		4		
9				1	8	5		
		3						9
		9	6	1				2
		1	9		2	5	6	3
	2			5		9	8	1

Nº 342

		9		5				
3	8			6		9	2	
2	5	1		7		6		4
						1		2
	4			9	7			3
				1			5	
5			9		1			6
7	1	3				5	9	8
8				3				

Easy Level

SUDOKU
FUN FOR ALL

Nº 343

		7		8		5	1	
	4		5	7				8
8	5				3			4
2	7	5		9			8	
	9	3		2	5			
	3		6					2
9	2		7			8		6
7	8					4	5	

Nº 344

	7			4				6
		3	7	2				
6	8			3		5		
4			3	5				2
	2	5	8		7	1	6	
			6			9		4
		8	2					
		6			5	2	3	8
						6	4	5

Nº 345

				9		3		5
		7				4		2
	4	9	7		5	1	6	
			8				2	
		2		5		8		
		8	6				4	9
9						8		
2	8	3			9	6	1	
		6			3	9		7

Nº 346

	3	9	5	7				
	4			6		7	2	
6		8		2				
7		5		8	2		6	4
	6					5		
				3			7	2
9				5			4	
			2		4			9
4	2	6				5		7

Nº 347

	2		3		8	7		
7		6		2			9	3
	5				4			
	9		2	7				
				5		2		
	2		3					8
			8	6	9			1
	8	9	7	5	2			6
5		7	4		3			

Nº 348

	3	4	7	5			6	2
6		9			4		3	8
						7	4	
2					5		1	4
	8		6				5	
5		7			1			9
4			8	7				5
7				3	4			
	5			6				

Easy Level

SUDOKU
FUN FOR ALL

Nº 349

		3		4	6			2
2	6			5	3	8		
			2			6	3	
	2				9			8
3	7		5				2	
		6		8		3	5	
						4		5
6	3	7			5			
4			9		8		7	

Nº 350

		6	9	2	5			8
	6			3			9	
	5			7		2		
3	8	5	4	2		6		
		9	7	1				
	4	1			6			9
5						3	7	6
						9		
			2	6	7			4

Nº 351

			9		4			2
	1	3	5	2		8		
5		2		6				
1	7	4	2		5			
8		5			6	2		9
9			4	8			7	
7				5				
			4	2	9			
	4		7			3		

Nº 352

	4		9					
	3			7	8	6		
8					5			
			4				5	2
3		5			6	8	7	
4		7		2			3	6
7					3	4	8	
6			7	8	9	2		5
	2				4			

Nº 353

	6	3		2		1	5	
5		4	7	9			6	
			6		3			8
3				4		8	7	
	5			7		6	2	
					2	3		4
			3	7	5			
	5		8	6	9			7
2								

Nº 354

		2		6	8			7
	8	3			2	5		4
	7	6		3				
			9				5	
		7	3			2		8
	2	4			5	3		
	4				3	8		
		5	8		4	6	2	
8			2				4	

Easy Level

SUDOKU
FUN FOR ALL

Nº 355

			7			4		
8	2							5
		4		3	5	6		7
2	7		3		8		4	6
4		8		7				
9	3	6					7	1
	6		4		7	3		
			8			5		9
	8					2		

Nº 356

			4		7	3		
1			2			7		5
5						6	2	
		4	3			8	7	
	2		8			5		
7	6	8	5					
		5	9				8	7
		3	6			2	5	9
4			7	8				

Nº 357

	8		3	6	9			4
	4			8	2	6		
	5							2
		6			3	1		
7			6	4	1	3		8
					5	9	7	6
				9	8		6	
				3				
		3	9	7			2	8

Nº 358

	4							3
8	3			5	6		9	
1	9	6		4	7		5	2
			6		2			
				3		2	7	
		4				3		6
	1				8	7		5
7		5	2	6		9		
	2	9						

Nº 359

	3	2			8			
	8			4	7		3	
5	4			3		2		
3	6			5		4	9	
7	2		6				5	
		5			6			
					3	9	8	4
8				2	9		6	
				7			2	3

Nº 360

	2		7			5		8
		7	2				3	
	8			4	5			
8	7	4	1	5	3		9	
	5		9			4		3
	6				2			7
	9		6			3		
			3			7		6
		2	5				4	

Easy Level

SUDOKU
FUN FOR ALL

Nº 361

		4		2				
5				8		2	7	3
6				5	7	4	1	
	9	1			5			
	4			6	9	8		7
			8				9	
	6	8	5		3	7	2	
				4		9		
	3					6		4

Nº 362

		9			3			6
1	4	8	7		6			
		2		8	9		7	
	1	5		7			4	8
	2	3						
8	6	7						
7			6		5	4		2
3			9	2				
	5				8			9

Nº 363

	6				7			
	8				3			
	3				4	6	7	5
			4			5		
1		6		5			2	
2		3						4
		4	2					8
		8	6		9			
3	2	9		4	5		6	7

Nº 364

	2		3				8	4
3		6			8	2	5	
		8		5		3		
				2				
9							2	
	3			8	4		7	
	7		8			5	3	2
4			5	7	2	6		
5		2		6				8

Nº 365

						5		3
		3	1	5			8	9
1		7		8	9			4
4					8			7
2	8			9	7			6
		9				4		
			5			6	2	8
5	2				6			1
	7	6						5

Nº 366

	7						8	2
9		6						3
5		8	3					
8	5	3	4				9	
		7			5		3	8
						6	4	5
				6			2	
	4	2	5	8	3			6
6	3			2				7

Easy Level

SUDOKU
FUN FOR ALL

Nº 367

				6	5	2		3
			3	4	9	8		
	5				8			
3	7			2	4			
	6				3	7		
5				1				8
	3		5			6	7	2
				3	2	9		4
7			4	8		5		

Nº 368

	5		7	6		3		4
4	9		2		8		6	7
	2	6	4		3	8		
6	3		9	4		7		
		8				5	4	2
						6		
			8				3	
		7		9				
3			5					8

Nº 369

	3			4		9	8	5
7			3					2
	5					3	7	6
	8				4			3
3			7			6	4	
6	4	5				2		7
		3	5		2	7		
4		6				5		
			4					9

Nº 370

	4							3
7			3			2		
5		8		4	6			
2	7			6	3	8		
4			7					9
	8	6	5					
					2	9		
		5	6	8		1	3	4
	6	7			9	2		8

Nº 371

	3	4		5				
1	8		7		6			
9	7	6		2	3			
	4			8				
5		7				2	3	
3				7				
						2		
	9		2			5	6	
			6			4		7

Nº 372

	2				7	4	6	3
			2	6				
		6	8					2
6	4		5	8		3		7
7	3	5				2	8	
9	8	2	6		3			
8	9	3						5
	5			4				
		6						

Easy Level

SUDOKU

FUN FOR ALL

Nº 373

	7			8				
6							8	4
			5	3	2		6	
5				4				8
	6	8		5		2	7	9
7	3					5		
		3	9		5	7		
					4	8		3
		6	3			4	9	2

Nº 374

	4			2			5	8
5	2		3	4	6			
	7	3			8	2		4
		7		5			2	
			1	3			7	
1	3	5		7			4	
			7			9		
			4	8				
3	8				5	4		

Nº 375

		4		8				
							9	
	3	6	9		4	1		
5		9		1				7
8	7		4	9			1	
4		1				9		2
	9		6	2				1
	5		1					3
		8	3	5		2		9

Nº 376

		5		6	7			3
			5		9		4	2
6	2					5	3	8
							7	
5	8	4			3			6
		6		3	5	7		9
7				4	8	3	6	5
3			6		2			

Nº 377

						3	9	4
3		5	8				7	6
2							5	
1	8		2					
		2						8
6	7		5	4			2	9
4	3					7		5
	9	1			6			2
		8	4	7				3

Nº 378

	6			4	3			
8	7		5			1		4
	3		8			6		5
					9			
	5	9				3	4	6
6				2				7
4		3	1		5	9	7	2
	2	5	9		8			
7								

Easy Level

SUDOKU
FUN FOR ALL

Nº 379

	4				8	5		
	9			5	4			6
	7	2			3			4
8		3		2		7	5	
							6	2
	2				6		4	8
								3
4		6	3	9	5	8	2	
	3				7			5

Nº 380

		6	7		1			
2		1	8	5				7
	8			9	2	4		6
			6	7			9	4
	5	4			9		8	3
9	2				3			
						3		9
	6				3			
8	7				2		1	

Nº 381

		6		7	8	3	9	
9		7		4		6		1
4	3		9		1	8	7	
				2				8
		1						6
					4	9		
	2				6	7		
5			1	9			4	
7					2	1		9

Nº 382

		4			7		8	
7			8		5		4	
	5	8		4	1	2		6
	7			8	4	6	5	
	8						9	
	6		7		3		2	8
8			4					
	3		5					4
		1		2		9		

Nº 383

		7		6				4
	6	9		4		3		
1			8		3		2	
	2			7		9		
4		5					7	3
9	7	8				4		2
7				5				
5				3		8	6	7
3		2			5			

Nº 384

		9	3					5
3		5	4		8			
4	6	8			2		7	
7	3		8					
8				6				
5	4	6	2	9				3
	5			3	4			
6	8					5		
2	1				5			6

Easy Level

SUDOKU

FUN FOR ALL

Nº 385

					3			
	7	5		9	6			4
				7	2	8	5	
		9			7	2		
	5	7	2	8	9	3	4	
		3					8	7
		6	4			5	9	8
5	4				8		7	
					5			

Nº 386

				7				4
5								
7	3	6		5		8	9	2
8	6					9		
			3	4	8	2	5	
			6	2				
	4	5				7		8
	8				5	4		
	7		2	8	4	6		

Nº 387

		9			5		4	3
	1	8		9	4	6		2
	2				3	9		7
8							1	9
		7						
9	5	3		7			6	
	8	4					2	6
			8		2			
	3		6	4			9	

Nº 388

	6		5		8		2	
			2	7				6
	2	4						
7	3	2						8
8	9		6		7			
4				3	2	7	9	5
6	4		9		3		8	7
	5				4		3	
		9						

Nº 389

				3		5	7	1
7			9	1	5	8	6	
				6		2		3
		3		9		7		5
1								8
2		9	5	8	3			
		5	2					
6	1							2
8	2				6			9

Nº 390

			3			4		
5		8	4	7			2	
		4				5	7	
7		3	6	5	4	2	8	
4			7			6		
	8			2				
		7	9	4			3	
				8			6	
8			2			7	5	4

Easy Level

SUDOKU
FUN FOR ALL

Nº 391

	2	7			9	3		
5		8			3			
6		3	2					8
3	5		8			6		
	8		4		2		5	
	7			9	6		8	
	3	2			8	6		
	4		7	6		5		2
		5						

Nº 392

			3		6			
3		4						8
7	8	6	9		2			
8				3		7		9
4			8				6	3
9						5	2	
			7					6
2	3			6	8	9		
6		5		2	3	4		

Nº 393

		7		9				
	6				5			8
	5		8		3	7	2	6
						8	6	3
	2		6		8			5
3	8				2			7
		8	1	5				2
4	7		3					
5	9	2		6				

Nº 394

	8	3		7			6	2
	5					7		
4		2	1	6		3	8	
	4		7				2	
		8						
7		5		4				
			4	2	5	8	3	
8		1		9	3	4		
		4		1		2		

Nº 395

	8	9	4	3				2
	3	2			5			4
4	6	5	9					
			5		8			
9			2	4		5		
5	7		3	6				
					6	4		3
	4	6					9	
	9	7			4	2		

Nº 396

	4	5		3				
8				4			2	7
7				2			3	4
		6						
		2		8	5	6		
3				6	4	9		
	5	8		7	3	2	6	
			8		6	4		5
6				2			8	

Easy Level

SUDOKU

FUN FOR ALL

	4			2				
5						3		8
6			3			4	7	2
		5			4	2		7
9	3	2			6		4	5
	7			3	5	8		
7	5				3			
					9			3
4		3	8			5		

Nº 398

		6	3	4			8	
2	4	7						
		3			2	5	7	
6			7	2			5	3
	5			8	3		6	
	7				4			
	3	8			6			
			8		5		4	
		5	4	9			3	8

Nº 399

	7	4	6	5	2			
					7			
5	9		3	8		6	7	
	8	6	7	3	5			
	2					5		7
4	5			2	6		8	
9	3	8						
					3			8
		5					4	3

Nº 400

	6	7		2	3			5
	8		9		5	7		
			7		6	4		8
			5		7			2
	5	3	4	8		6		7
						5		
2	4			6				3
		8					6	
	3		2	7	8			

Nº 401

					3			2
6				2	4			
	2		7	8			4	3
		2				4	5	
5	3				8		6	9
		4		6	5			7
4							8	6
		6		4	7			
3	7		9	5	6			

Nº 402

	9	8			7		5	2
7		5		4		6	3	
			2					7
4			8			2		5
2	6				3			
				2	6			
				6	8			
	7	2			4	5		
	4	6	5		2		7	3

Easy Level

SUDOKU
FUN FOR ALL

Nº 403

	4		8	5		9		
				3				7
2	6	8	7					4
8	5	6	3			4		1
4	3						6	
7			6			8	5	3
	8		2					5
	2				4	7		
				6			8	

Nº 404

	6							
3		7				8		2
2			8	4			5	6
	8			6				
7				2		8		
4				7	5			
5	2		6	7	8	3	9	
6	7		3					5
	4	3	2				7	

Nº 405

		2	5				3	
8			6	3				
		3	2	9	1	8		
2			9	1				7
		7			2			1
	6	1				3		2
	7	5		8		2	9	
		8			6			
9	3	4		5				

Nº 406

			9					
	6			2		1	9	
2		9		1	8		7	
9	2		8			3	5	1
1	8		4					
4				7				8
	5							
		2	6		5		4	
		4	2		7	3	5	9

Nº 407

	7				2			
6			4		5		8	3
8	9			6			5	
7	3		5				4	6
		4				8		2
2	8			7		3		
	4			3		5	2	
	6		2				9	
	2		8		4			

Nº 408

			4			3	9	8
						2		
			1	5		6	7	4
	4			7			6	5
	3			4	8			
7	9	6	5		1		3	
	6	9		5				7
		8		3	6			2
				2				6

Easy Level

SUDOKU
FUN FOR ALL

Nº 409

	9	6	4					
2		3	8					9
				3				1
7			6			8	1	
6	8	4		9	2		5	
	1	2	7		8			
		8	9		6	4		
9	3				4			
					7	9	2	

Nº 410

		6	8		4	3		1
4		1			9			7
	3		5	7	1			
5					8	6		
				3	5			
1	4			9			2	3
3	9		7		2	8		5
8				6				
				8		7		

Nº 411

	9	5	3	7		2		
		6	4				8	
8					4			
	8		6			5		4
	2						6	7
6	4		5			8	3	
		4	2			3	7	
7			9		5			8
						6	5	2

Nº 412

		2	1			7	8	
			8	4		5	3	9
	5		9	7				1
				8				
3		9					7	
		5				9		
8	9			3	1		5	
1			6		4		9	7
	4			9		2	1	

Nº 413

	4		2			5	9	1
					4			
5			6				4	9
1	8		9					
7	9	6	5	8	4		1	
4			8	2	1			3
		7	3			8		
8	5	3	7		6			

Nº 414

	6	5		4	8	7		
2			8	9			6	4
			3		5			
	7		4	6	8		2	3
		4		5			1	6
			7		2	4		8
4			2					
	5		6					
3							8	7

Easy Level

SUDOKU
FUN FOR ALL

Nº 415

	5			8	2			7
				5				
9		6		3			8	
3	4	2		7		8		6
6	7					2		
	1	8		9	6	3		
					4		6	
			7				5	3
		8		3		7	4	2

Nº 416

	9		7				3	
	5		6			8		
2		4	8	3	5	7		9
		1	2		7	9		8
		2				3		
			9				6	
			7			2		3
	7				3	4		
3			9	8	4	6		

Nº 417

	2		3				7	4
		8	7	5	2			
			6	9		2	5	
	8		5		3	2	1	
	9			4		3		
5		1				4		
						7		3
6		7		3	5			
3			6	7		9		

Nº 418

			3	5	6		2	
	3		1	2	6		4	7
6		5		4				
			5			8		6
5			4			2		9
	2		3		9	7		
			6			3		
	7		5					
6	4		8	7				5

Nº 419

	8	4				2	3	
2		6	7		4	5		8
	7	5					6	
7	6				9		4	3
		8		3			7	1
3			8					
6			9			1		
	5					2	6	
		3	6			7		

Nº 420

	5		4	8		2	3	
3		4	5	2				
	8		3			5	7	
	3	8			5			7
4		7		6				
					4	6		
				5			8	
			2					
8	1	5	9	4	3		7	6

Easy Level

SUDOKU

FUN FOR ALL

Nº 421

	4	6					3	
	7			8			6	
2	5	8						
7		5						8
			9		3	7		6
	6				8		2	9
	2		8					4
	8		1				5	3
	3	9	4		6		8	2

Nº 422

	8		3			2		
	2	6	7	4			5	
	4			2			3	
4		5			2		6	
8	6				5		7	
	9			8			4	
						5	8	
6	5			3	4	7	2	
2	7	8						

Nº 423

					6	9		4
7	9	5			4	8		6
	1							
5	4			9				
					3	4	7	
8	2	3	7	4				
3				1	2	5	6	8
			5			3		7
		2	8					9

Nº 424

	7	6				3		
	8	5					2	
3		9		7			8	
		2		6	8			5
				5	9			4
		4			2		6	
5	4	7	3	8		6		
	3						4	
2		8	5	4			7	

Nº 425

	9	4	3			1		
6	7	2		1		3		5
				7	2			6
						7		
9		3		2			6	
	4	7	6	9				
			8		7			
4	5	6		3	9			7
	3				5		4	

Nº 426

	2		5	9		8		
3			8	4			5	2
4		8				1		
		3	1	7	6			
1							7	
						5	6	
2		9	7		5	4	3	6
8				3				9
		4	2		9			

Easy Level

FUN FOR ALL

Nº 427

	6		2		7			
				4				
2		8				4	7	
7		6				2	4	
9			8	2			6	
4			7	5	6	3	9	
8	4	7				6	3	
					3	8		
5	3			6				4

Nº 428

		7		8				4
5	8				2		6	
9			5	4	7			8
8							4	
3					8	2		
		6	4					7
7		3			4	9		6
4		5	6			8		3
				3		4		2

Nº 429

				3	2			
5	7	9	4		6		8	
2	6		7					
			6		4	9		
6	3			9				
4	9	8			3	2	6	1
		5	1		7	4		
					5		2	3
			3	6				

Nº 430

		4	8					3
3	5	8			4			9
6				3				
8	6		7	4		9		
			3	8				
	4	9		5	6	2	3	8
				7	3	4		5
9	3						8	7
				6				

Nº 431

	4	8					9	
	6	7	9		2			8
2	3	9		7	8			5
			4			2		
	9						6	
	2			6	7	9		
6				2	9	5		
		1		8		3		
			6	1	3			9

Nº 432

				2			9	
5	6		8	3		7		
			6		7		8	
	5				3			
2						5	7	9
		4				8		2
6	8			7		3	4	
	4		5	8				7
	2	7	3	4			5	

Easy Level

SUDOKU

FUN FOR ALL

Nº 433

		3					2	
4	7	8			3			
				6	8	3		
	6		3			4		
8					2		9	3
7		5	9		1	6	8	
	5							7
1			5		6			9
9		7			4	5	6	

Nº 434

	5		3	2			9	
	3							
	8			5	6	7	3	4
	7		5					2
				8				
		5		6		8		3
		6	9			1		
7	9	3	8		4	5		
2			6			3	4	9

Nº 435

					2			3
			8					
4			5			2	6	
2	5	8	3			6		7
		7	4					
	4		7		5	8		
				4		7	2	
	7		2	5	3			4
9	2						3	8

Nº 436

	8	1	9		5			6
9	3	7						
	5	6	1		3	9	2	7
5				9			8	2
							1	
	1			6	4			
		3	6			8		9
							6	
		9		3		5	7	1

Nº 437

	2	5	6	3	8			7
3					4	2		
4	7							
	1		4	7	5			
7	6	4	9		2	8		
		2					4	
		9	2	4			7	
	3	8						
2						3	5	6

Nº 438

			2		4	8		7
		8			5		4	
			8	3	6	9		5
	7				1		2	
8		6	7	4	2		5	
				5				
	2			6				3
6		3	4	2			8	
	8	5				2		

Easy Level

SUDOKU

FUN FOR ALL

Nº 439

	5	4				3		
6								
7		1	6	4	8		5	
				7			2	
5	7		3		4		6	
3		8	5		6	9		4
		3		5			4	
			4				3	
4	2		7	8			9	

Nº 440

				9			8	
8	9	1	4		7			
		2	6			9	4	
1			7			5		9
		6	8	2	9	1		
			3	5	1	6		
	6	9			8			2
						7		
		7	2		3			5

Nº 441

		7						
4			2	7				
	9			6	3	4		
					2	9	5	
			6	4	7			
6		1	5			7	3	
	4	3	7			5	6	
7		5			6	3	4	2
		8			5			7

Nº 442

	4		7			8		
	3				5		6	
	6		3	7	9	2		4
			2			6		
		3	4	8	6		5	7
6		5	9	2	4	3	7	
		2	5				8	
			6	3				2

Nº 443

			9	3	7		6	4
			6			3	7	
		3		8				5
	7		8		2		4	
	8				3			
	4			6		8		
					6			1
4	5		7	9	8			6
	3		2	5		4	8	

Nº 444

	1	9	6				2	
		2			9	7	8	3
						1	6	
				1				
2				8	7	4	3	1
						9		6
7		1		2	4	3		
				6	1		4	
			7	9	8	6		5

Easy Level

SUDOKU

FUN FOR ALL

Nº 445

	8	9	6		3			
				4		6		
		6	9	5		8	3	2
3					6		5	4
5			2	7			8	
	2		5	3				
	5			8				6
	4		3		2	5		
8	7	2						

Nº 446

	6	4		7	8		3	
5		2			9			1
	1		5	2				
		8						5
	5	1		3			8	6
3	9	6				1		
		9	2				5	
8	4		6				1	
	2						9	3

Nº 447

			5	9			6	
8		2	6			4		
			2	8	7	5		3
3		5	4	6		7		
4						8		6
6	7						4	
	6	4	8	7		3		2
						6		4
		8			6			

Nº 448

		1	6				2	9
8	2				1			
			2	4				7
6				3			1	
5	4					9		
1			5		9	8		
	1	3		9				
		6	3				9	5
	5	9	4		6	2		1

Nº 449

	4			5		3	6	7
	7		8					
5					7			2
		7	3			6		
	2	6	7			5	3	8
3			5		9			
	3			7	4			5
			2	8				6
2		4					8	3

Nº 450

				3		6	7	
5			8			9		
		7						
	8				6			
4		9		8	5	2	6	7
6		3	4		7	8		
8	6	4			3	7		
3			6				5	2
	5						8	

Easy Level

FUN FOR ALL

Nº 451

	6		5	7	8			
	5	7						
4	2		6				3	
		2			6			
		5	7				8	4
6		4		9				3
5				8	7		6	
	4		3			7	5	8
	7	6			2			

Nº 452

	1		2			4		
		6	7					8
			6			2		9
		9		8	3		4	5
3				2	6			
	6		9		7	8		
7	4			6			3	
	5	2						4
	9		5		2		7	6

Nº 453

						7		6
	9		2	3	6	4		
	3	4	7			8		
	4	5				2		
	2	7		8		1	6	
								4
5		6	4			9	7	
			3			5	4	8
4	7		8	5				

Nº 454

		3	5		2		7	8
	2	6			3		4	9
		8	4					
		5	6		7		9	4
		2			5	7	6	3
			2				5	
8	5					3	2	
	6		3					7
	4		7					

Nº 455

	7					2	9	8
		8						
6			8		3		5	
				2	4	6	8	
	8	6						
			5				4	7
3	6	4	9		2	8		
		7	3		5		6	
				8	7		2	3

Nº 456

						6		
	7	9	3		4	1	2	5
	4		1					7
	5		8		6	2		
				4			8	3
1	8		2	3		4		
	6	5	9	7		3		
		3		1		7		8
							6	

Easy Level

FUN FOR ALL

Nº 457

	5	4	2	8	3			
				6	9	4		5
			7					
	8			9				2
		3	8			5		
4	9			3	2	5		
	7	5				1	9	
1		2	9			7		4
9				7				6

Nº 458

		7		5	4	8	6	
			3				7	4
			2			3		
				4		6		
	6	2				4		8
4		8			3	1		2
		6				9		3
5			4	3			2	
	7				2	6	5	8

Nº 459

	1					6		
7	2	4	6		1		9	
		9						8
2			3		6			1
	5		8		7			
		6	1					9
1				6	4		7	
6	9		5	1			4	2
	8				9	1		

Nº 460

		8					4	6
	5				7		3	
			5					
			3			4		5
	2	3	5		4	7		
	4			7	2	9		
5	8	7	4	6			9	2
		9					8	
2			7	9	8	3		

Nº 461

	8	4				5		1
7	5				8	9	6	
9					7	3	8	
	7	9	3			4		8
	6		4				9	
2			8				1	
	3			8		2		9
		6						
	1	2			5		3	

Nº 462

					6	8		
6				8		5		
	3	2	7			9	6	
	7	4				2		
3	8	9	4			5		
2	5	6			8			7
	4					7	8	
					7		5	3
	2			8	3		4	

Easy Level

SUDOKU

FUN FOR ALL

Nº 463

			2		3	5		
3		9	1		8	6		
	8		4	9	6			3
		5	9		4			
		3		6	2	8		
				3				7
9		4			7			8
	5	6		4			7	2
2				1				

Nº 464

		7			9		6	
	4	2	6	8		7	5	
			4			9		8
6		1	3		8		7	5
4	7	9	2				3	
	5	8					9	6
2	9				4			
7							8	
						5		

Nº 465

		6	5		7			9
	9						1	
1		4	6	9		2		5
		2	7	5		4		1
8	6		1	2			3	
		1		3				
			4		9	1	8	
						7	9	3
				8	1			

Nº 466

	2	8	4	3		6		
3		9	2		6			
		7			8			
	7			2			9	
	8		5			3		
5		3			4		2	
		4		6		7		
8	6	2	7		5		4	
		5		4	2			

Nº 467

	9				2			
7		1	3		4	9	8	5
	5			1				7
	4	8		7	3	1	9	6
	6		9	2	1	8		3
			6		7		2	4
		9						8
		2					7	

Nº 468

	6	5		3	7			9
					5	2		
	2	4					7	6
2	8		5			6	3	
		6			3	7		
				2		4		8
7				8		3	5	
		3		7				2
				5		9	8	7

SUDOKU

FUN FOR ALL

Nº 469

		9	3	4			5	
							3	
	5			2	6		1	7
					3	2	8	
	8	6			1	3	4	5
			8	6	4		7	
8					9			4
4						7		
6	9			7		8	2	

Nº 470

	7					5		8
		5		8	6			4
	8		5	7	3	2		9
	6			2	7			
	5	9	8		4			6
	3			5			8	
			3		2			7
		7			8	6	4	
		8		4				

Nº 471

	1					4	7	
			9	5	4	6	8	
	4			1			5	
				4			3	6
7						8	1	4
			6		1	9		
	9	5	4	7	8			2
		3		2				
			3	9	5		4	

Nº 472

	4			7	6	3		
8						5	4	
								6
			4	3		7		2
3						1		
9	2	7	6			4		
2				4	3	6		
		8		2				5
	7		9	6	5	8		

Nº 473

		9	5	2				4
		5		6		2	9	
2			4					8
9	4	8	2		3	5	6	1
							8	7
1		6						
6		2					1	
7				5		3	4	9
				9	7			

Nº 474

	8		4		7			5
		9	3	5	6			
5	7				2	6	3	
6	9	2						7
	3		2					4
			5					
2			6				4	
	4		9			7		
	6			8			5	3

Easy Level

SUDOKU

FUN FOR ALL

Nº 475

			3		2	7		
7				4		6		8
5			1		7	4		2
4	5				6	2		9
	6			7		8		4
		7	5		8			3
8	3		6			9		
		4		9			8	6

Nº 476

	7	6					5	
5		9		2	3			8
4		8	6				2	
		3			6	5		
8					5		4	
	5							3
				6		2		
	2	7			4	8		5
			5	3		4		6

Nº 477

					2		5	
		7					3	
3	8		5			7		2
2	6				8			7
						5		
		5	4		7		2	
	4			8				
7		2	3		4			5
9		8			6	2	4	3

Nº 478

					3	1		
			6	5		4	2	
	4		8			3	6	
6	8	3	1	9	2		7	4
							3	
2	5				4			
		5				6		
7		2	3			8	4	5
	3		4	6				

Nº 479

		1	4		2			5
	6		9	5				
7	9				6		4	2
9								
		4	8		9		2	
		8				6	7	9
	2	7	5		4		9	6
3							5	
		6	2		8			1

Nº 480

			7					5
6		5		8	4	7		9
		3	6		5	8	4	2
		2		4				
4			9		8		7	3
8					2			
					3		2	8
	8	4				3	6	7
2						5		

FUN FOR ALL

Nº 481

		6		4	9			8
	9					6	5	
		7	2	5				
				9	3	5		1
1	7	2		8	5		6	
9				2				
	5				7		4	
	2	9	5	1				6
	4	3				8		

Nº 482

		8			7		2	
2	7					6		5
6								7
		5	9		2	1		
3			6	5	8	7	4	
7			3	4		5		9
9		2			5			
4	8				6	9		3
			8					

Nº 483

		3	2		1	4		7
		1	9		6		3	
			5	3	4		1	9
7	4					1		
		6	4		5			3
		5				9		6
	2	9		4				
6						5		
		4				3	9	8

Nº 484

			2	3	8			4
8	2	6	4				9	
	4				7			5
	5	8			4		6	
4	7							
		3		5				
5	1				3		4	
	3			2	9	8	5	
	8	2	5					6

Nº 485

		9	8	4				2
3	4	6	5			8		
						4	6	
5	6		4	7				
	8	7		3			5	
	9	8			3		7	6
					4	5	8	
7		5		6		9	4	3

Nº 486

	7					3	9	2
							7	1
1	9			8				
					9			
6	1	9		2	8	5		
	8		4				1	9
			1		3		5	
5			6	9		1		3
9			8	7			2	6

Easy Level

SUDOKU

FUN FOR ALL

Nº 487

		4	6	7	3		9	5
8	6		4	5		7		
5					2			
2								8
7	9	5			8			
		3	7					9
	5		3			4		
3	7	6	8			5		
4		8			5			

Nº 488

	6			7				
2	7		8				4	6
8			4			2		
		3			8			
9			3				6	5
		2						
3		5	7		4	6		2
		6	1	5			8	
	8	7	2	9	6	3		

Nº 489

		5	8				6	
		8			2	1	3	4
				3	4	7		
4	7	2	3		8	6		1
9	6					8		
5								
				6	7			
		4		8	9			6
	5	7		4		9	2	

Nº 490

	5		6					
6	4			2				
3				8			7	
			3	1	6		2	
2	6		9					
7	3	9			8	1		4
5					1			6
8	2					9		
	9	6	5	3	2	8		

Nº 491

		5	2		7	4	8	3
2		4						5
		8					7	6
8	6			5		7		2
								8
	2		7	8	4		6	
			8			6		
4					2	5		
7	9	3		6	5			

Nº 492

	6	9						
5					6	8	9	
8			2				3	5
6				7			2	
		2	4		9		6	
4		8		5	2		7	
	7	6	5		8			9
		4						
2	1	5	9	3				

Easy Level

SUDOKU
FUN FOR ALL

Nº 493

	4	2						5
7	5	8				9		6
6			8	5			3	
			7	3		6		
2		3		4	8		5	
				9	5		2	4
		5	2	7			8	
					6			
	2			8	3			7

Nº 494

	5			7	3			
7			9					
		6	2	5	8			
2		5	9					
		3			4			8
6	4			2				3
8		7	3	4		6		9
	6	4	7		9			5
	3	9				7		

Nº 495

	8	6		2			1	
				1	6	5		
7								
9			3			7		
6			9	1		4		2
8	2		7	5		9	6	1
4		9	2	7		1		
						5		
2		8	1		6			

Nº 496

	9			4				
8				3	5			1
	5		6	8		9		
7				6			8	
3		1	8	9	5		7	4
5	8	2		4		1		
	7		4					
9								3
6				5	8	4		

Nº 497

			6		3			9
1					4			6
	8		1	9	2			4
	6	7	4	1	9		5	8
		9			8	7		2
8					4			
		6		3	7		2	
7					5			
	5		2			9		

Nº 498

	7	5		2			4	
6		4		7		3		8
		3			4	5		7
			6	8		4	9	
		7	3			8		2
	3			4	2		7	
	9		2			6	7	
							6	5
3			7					

Easy Level

SUDOKU

Nº 499

	4		2			8		
1			4	3	6			
			8	1	7		2	
7		1						
		3	6				5	2
	2	5		9				8
					3	2		7
2	3		7	8	5		1	6
		8						4

Nº 500

			1	5				6
6	5			7		3	8	2
8	4		6				7	
7				6			5	
					5		9	
	6	5	4		7			
	7	6				4	2	
			5		6			
5	2	3				8	6	

Nº 501

	9	7	6	4				5
		8	2			7	6	
6	1	3			7		4	
		2	5			8		
	7				3	2	5	
		5		2			3	4
							7	
8	2		3	7	5			
		4					2	

Nº 502

	1	9			2		6	3
			9		8			
		8	6	5	3	9		
	7	2						
6		5						
8	4			3	6			
	8	3					5	
1	9		5				3	4
2		7		6	4			8

Nº 503

				8	7	2		5
	7				2			
			5				3	
	4		8	2	5		6	7
	6			9				
		3	7				5	4
	1			5	8			2
7	8		2	3	4	5		1
4					9			

Nº 504

		8					2	4
		7	6	3				9
6	2					3		
					6		3	8
7			4				9	5
	8				5	2		
		5			3		6	
	4		5	7			8	3
	7			6		5	4	2

Easy Level

SUDOKU
FUN FOR ALL

Nº 505

		5						
						3		
				6	5			8
7		4		2			8	6
		1	8		3	4	5	
	8	3				9		7
	4			9	7		6	
5		9			8	7		
8	7	6	4	5	2			

Nº 506

						5	3	
			9	4		7		
		3	1			6	8	
3						1		
	5	8			2	4	6	
4	7				6		5	3
	6		4				2	
			2	5			4	6
2	9	4			3		7	

Nº 507

	3	2		9				
6	7			3			4	
9	4			5			3	
			6			8	7	
					4			
		9				6		
2	1			8	7	3	6	
8	5		2	4		9		7
	9	7		6			8	

Nº 508

				4		6		
8		5				4		2
				5		8		7
6		7					4	
2	9		3				7	
3	5	8				9		
	4	3	2					
7	8		4	6		5		
5	6				9	2	8	

Nº 509

	2	6				4		
	4				7		6	5
5		8	6					2
3			2		4			
4		2	3		6			7
7			8		4	6		3
			7		2	5		
		5	4		9	3		
					8			4

Nº 510

		4			3	2		
				7				5
8						3		
						5	4	
5		6			8	9		7
2	7	9	5			6		
6	3			8	7	4	5	
		5		3	9			6
	9	8		5	2			

Easy Level

SUDOKU
FUN FOR ALL

Nº 511

	7	4						
1	5				2		6	9
2					4		7	8
7			2		8			
9			7	4		5	8	6
		7	8		9		4	
4		9		2				
	2		4	5	7	6	9	

Nº 512

		9		6	2			7
		6			7			4
	3	9	8					6
6	5							
		3		7		6	2	
2	7					4		
4			2	6	3			
		7		8	5			
			7	4	9	8	6	2

Nº 513

					5			
		8				5		7
4				7	8			
2			5		9		3	4
				2	4			5
		5			3		7	9
	3	4		9	7		8	
8		6	4	5	2		9	
		2	7		8			

Nº 514

	6			5	9	2		
		9		1		8		7
			6	2			4	5
		8		6				
		2		4		3	5	
4		5		8				
8		3		7		5	2	9
		7			8			
2	9		5			4		

Nº 515

		9		8				
3	2		6				7	
		6			2			
7	5		8			4	3	
8		3			5			6
		4	7				2	
	3	7	2	6		5	4	8
	6				8	3		
2		5			3			

Nº 516

		8	1	4		3	2	7
7						4		
	3				6	5		
						6	5	3
	6	3		4				
		7		2				4
6		5			7		3	9
	3		6	9		7	4	
					5	8	6	

Easy Level

SUDOKU
FUN FOR ALL

Nº 517

	3						7	
				2				
6		2		5	3		4	8
2		3		9	1	7	8	
7			3	4			2	6
		6	2			3		
4	2						6	7
	9	8				4	5	2
							9	

Nº 518

	4			5	7			
7	2				3	6	8	5
	3			6	8	7		
			9				5	6
	9			6			7	3
	5	7		3				4
	7				5			2
			7	9			6	
		4			2		3	

Nº 519

		4			7	2	5	3
5	3	2	4	6				
	8					4	9	
	2			5			8	
				8	2	6		
		9	6		3			
		6		9			4	
4				2	8	7	6	
			5	4				2

Nº 520

	4						6	8
7				6				
	6			3		4	7	
	2	6			3		9	
			6	1				4
8	3			2	7		5	
			5				8	
6	8		3				2	
9		3	2	8	6	7		

Nº 521

		4						
			7			3	2	
	7				2			8
	2				4	7		
		7	8	2				
8		9			7		4	6
	9			6		5	3	
	8	5			3	6	7	4
6	4	3	5					2

Nº 522

			6					
5		6		8	7			9
7	8				2			
2	7				8			
	3	5	2	7				
8			5		3			2
4	5	8		9	6		3	
3	6		7	2			8	
				3				4

Easy Level

SUDOKU

FUN FOR ALL

Nº 523

	5							
			3					4
		8		2		6		
						4	3	
9			7		6		2	8
8			2	4		5		6
	3			8			4	5
5	8		4		7	2		
4				6			7	

Nº 524

						6		
7	4		5	2	3		8	
		5			9		7	
2	9	8						4
6						2	9	3
4	5		7					
3	8	4		6		5		
		9	2		8	3		
				5		8		9

Nº 525

	8		6	4			3	
5			3	8				
		9	2			4		
7			8	3	6			5
		3						2
6			5			7	8	
2				9		8		
		6				2		9
	7	8	4	6			5	1

Nº 526

		8	4					
7			2		8	6	5	
		5					7	
		3		4	5			
	2	4						5
5	8	6	9		2			
					3	9	2	6
		9	7	2	6	5	8	
8							3	7

Nº 527

	4		1			5	8	
			6			3		9
		6	9					2
			5				6	
				4	6	2		
				2		8	9	1
		9	2	8		4	1	
1				9	7			
8			4	6	1		2	3

Nº 528

		9	5				6	
2		8		3		5		7
			8	4	7		3	2
		4	7		6			
8	6		4			2		
		7	2	8		6		
4	9	2						3
		3	9		4			8
					5			

Easy Level

SUDOKU
FUN FOR ALL

Nº 529

	8	2						4
	6		8		7			3
7	5			2	3			8
		9		6		8	3	1
6					1			
4			7	3	9		5	
		6					8	2
2						3	4	
	4					6		5

Nº 530

	8		4	7			3	
5							7	
		3	6					
1		8	3	6	5	7	2	4
7	6		2					9
	2				4	6		8
6	3			4			8	
						4	9	3
	5				7			

Nº 531

	6	3	2					4
			3	5				2
5	2		6	4			3	
6			8	3				5
	7				2			
2	5		7		4	8		
4	3				6		5	8
								6
			4			3	7	9

Nº 532

	7			4	3	6		
	3		6			2		
			1		7			
	6		8	3	4		5	
			5	9	8			6
	9		2					
7	5		4	8	2		6	
		9	3			7	4	
8		6			5			

Nº 533

		2	8		7		6	
1		3		9		8	4	
7		8	5			2		9
3								
	7	6		5			2	1
		4						
			3	8				
6			4			5		2
4	8	9			1		7	3

Nº 534

					1			4
	7	2				6		8
4	9				8	5	7	3
5		4		3				
2	6			8	4	3		
8				2	5			7
7			8		6			
			5	4				
9	5		7		2			

Easy Level

SUDOKU
FUN FOR ALL

Nº 535

	8	3	4				6	9
	5					4		3
9	4	7				2		8
			7	1				5
			3			1	2	7
	9				5		4	6
	2		9			6		
		6	5	8				
5						7		4

Nº 536

			7					
			2	3			5	
		3					7	2
2						4	6	
1	8	6			2			3
	3	9				2		7
5		2	6	4		8		
3	9		5					
6		8	2	3		7	4	

Nº 537

					4		5	
	3	4	6	5	7		9	
7							2	4
			4			3	7	8
8					3			6
	5	3	8			2		
			5				6	
		6		9	2	4		
		2	7	3			8	5

Nº 538

	7	9	3			5		8
	2	8	6	7	5			
		3	9					
	5					3		
		4	8		3	7	1	
2			4	9	7			
		6	5	8		4		
			3			5		
			6	2	8		7	

Nº 539

			8			7		6
8		4	3		7		2	
		7			9			
				2	6			
9	7					2	8	5
	2		7	8	6			3
7	4		2					
		2			3	4		8
3				6		5		2

Nº 540

		8				2		
						1		9
2	6							3
9		7			1	3		2
4			3			7	9	
							1	8
	3			1	2	9		4
	2	4	9	5				1
7	9		8			6		5

Easy Level

FUN FOR ALL

Nº 541

	7	5		2	3		4	8
4		3					1	
		2	4					
7	2							6
5	4				9	8		
	8		6	4		7		
	5	4	7	6	2			9
				3				2
			8		1			4

Nº 542

		6			9	3		
		8			1			7
	9				2	4	1	
8		4						
6	7	2					4	9
9		3	4				6	5
5	8				7			2
3		9	1	7			8	
	6						9	

Nº 543

	2						9	
			6		4			2
4	7	9						6
9		2		7	8	6		
	5				1			
3	6	8				7		9
	8	7	6	9			4	
	4		7		3		8	
2				1			6	

Nº 544

		4						
	9		3	8	4			
5	8		6	4		3		7
				6		2	8	4
	4					3		
9				8			7	6
2		7						3
4				5	7			
3		5		7	4	8		2

Nº 545

	5			6		7		3
	3	8	2					
		7	3					5
6			5			8		4
		4		8	3		2	
3		2	9	4		6		7
				2	5		7	
8			7	3				6
						5	4	

Nº 546

			8	2			4	7
	6			9	3	2		5
	7		5			3		
7	8		3	5				4
								2
	5	6		2			3	8
	4							
5		7		3	9	8	6	
	3			2	7			

Easy Level

SUDOKU

Nº 547

		7	9	3			5	
6			7				4	
	3					8	7	9
		8	4	6				
					3	2	6	5
5	6			9	7	1		
3	8					4	9	
7	9		3			5		
		6		2				

Nº 548

			5	6				3
5		3	9			7	1	
	2						6	
	5	9			4			
3		8		7			5	
	7		8		5	2	4	
					8	4		
	8		3				7	6
7		2	4				9	8

Nº 549

	3		4				5	6
	6	5		3	7	4		
	2	4			5			
	8			5	4			2
2	7			8				
				7		6		3
					8			
8	4				3	7		
3		7		9		8	6	4

Nº 550

	5			2	8			6
				5				
	6	3	7			2		4
		4			2			7
7					5	6		
5			4	6	7		8	2
		8			6	9		
	7		5		9	4		3
			2			7		8

Nº 551

	5			2	8	4	6	
				4			9	8
					6	7		
	7				4	8		1
	2			8			7	
5	6		3	7		2		9
	8	2		5				7
	9		6	3	2			
		5						4

Nº 552

					3	5	4	
8			2	5	6			7
			7	4		2	3	
9			6			8		2
					7		6	4
		6	5	3		7		
7		5		6	2	1		
		4		7				
3	6		8					

Easy Level

SUDOKU
FUN FOR ALL

Nº 553

		1	8			3		
	5			4	9	7	2	
		4	7	1	3			9
8	9	6				2		
1						9	7	
4			1	9				
6		9				1	3	
	1				6		9	7
		2				4		

Nº 554

	8			3				4
				7				2
				6		8	7	5
7	4		3			6		
8	5	2				3		7
2			5	9	7		4	6
	7		1	4				3
4			8		3		5	9

Nº 555

		6			3	2	9	8
2		5	8		7	3	1	6
8			2			7	4	
						8	2	
6		2	5					
	3					9	5	
			7					9
				8			2	4
		9	6	2	5			

Nº 556

					8			
6	4	7	3	5		9	8	2
	5			6				3
	8	3			7			4
2	9				3			
					5			
4	3			7		5	9	8
					9	4	6	
		5		8	4	2		

Nº 557

			6	2		9	8	3
	8	3					2	
6	4			3				
7	9	6						
	3			7		6	1	4
1	2	4	5					9
				9				
	5		3			7		1
		7		4		2		8

Nº 558

	5		6	9			7	
			7	5				
9	7				3		5	
		7						
6	3				2			
5		9				7	1	
4	9					6	3	
			1	6			9	7
7	1	6	2	3			4	8

Easy Level

SUDOKU

FUN FOR ALL

Nº 559

				4	7		3	2
	6	4		2				
	3		8	9	6			
		1	7		2	3		
6	8	5		3			2	7
		3		8				
						2	4	
3	7	2			4		8	6
9								5

Nº 560

			9			7		5
	2	9			5	6		3
5		6				9	4	
7			4		9			
		5			3	2		
		4	2			8	7	
	4		6			5		
					4		8	9
9	8	3			7		6	

Nº 561

	8	5					4	1
7	2			8				
				2				
8		2			4		7	6
	6	3						
		4	8	5	6			
2			5	6		8		7
5		7					3	9
6	3			7			5	2

Nº 562

				7				
2	3				5		7	8
	4	6						
	5			3			6	
	7	2	5					4
6						5	2	
3	8	5			4		9	
		7	6			3	4	5
9		4	2		3			

Nº 563

		5					7	
		7	4	9		6		
	2		3			9		
6	7	1		3		2		9
	5				2	1		
	8	9		6				5
3	1	4					9	
	9		6			8		4
				4		7	2	

Nº 564

			4	7	9	5	6	2
		7				8		
4			8	2				3
			5			2		
	6	4		9		7	8	
							3	
8			6	5				7
2	7	6		3			5	
	5			8	2		4	

Easy Level

SUDOKU
FUN FOR ALL

Nº 565

	5	9		2		7		4
3			6					
			8			3		
	6		7			9	3	8
9	4			8				2
7				6				
4		7			9		6	
5	9		1			2	4	7
	3	2						5

Nº 566

	3	8						6
7		2			5			8
5		6	8			3		4
8						4		5
	5	9		4	8			
	2					6		
		3	5	6		2		
4			7	2		8		
	6			4		3	9	

Nº 567

	2				7	3		
	6						9	5
8	5			6				
7	4		1	6	5	9		
	9			4				
		2		9			8	6
		3		8				7
5		9		4				2
	8			2		5	3	9

Nº 568

9	4			5	7	1		
			8		3			2
7					6	9	5	
	1							
						3	9	1
		9		6		8		
	4	2		1		6	8	9
5				9		4		7
9	6	7					1	

Nº 569

		4			1			6
		6			7	8		4
				3				
6		7			8			2
	9				4		7	8
		3	7	6			5	9
1					5	2	6	
7	3				9			1
		5		4			8	7

Nº 570

		2					5	
	5						2	
6		9				4		
		3	7	4				
		8	3		9		4	
		4	5	6	8	7		
	9		2	3		5	6	
3	1	5			7		8	
	4		8		5			9

Easy Level

SUDOKU

Nº 571

	6	5		4		7		3
		3			2			
8		9		5	3	6	4	
	8			6			2	
			8			4	3	
					9			
	3	4	9	2		8		
				8	7			9
	7				5			

Nº 572

	5	3			7	9		
1		9	5		6			
							5	3
8	7			5	3		1	
	4			6	1		3	
			8	2		7		6
6	8		3	1	9	4		
		5						9
2				7				

Nº 573

	7				6			4
			4		3	2		
			2					7
7			6	3			2	
		8					6	3
3				5	7			
9			3	4		6	8	
	6			9	5		7	
	3	2	7			4	9	5

Nº 574

	4	5		6			8	2
					5			
		6	8	4				
3		1				6		9
		4	2	3	9	8		7
	9	7	6	8			5	
	1		7		8		6	
	3			5				
	5	9			6			

Nº 575

				6	5	4		
	5					1		6
	8	4			7		2	
9	6	2		5				
1	3			4		7		
			3	8				
8					4		7	
4	2		9	7	3		6	5
5			8		6			

Nº 576

		3	1					
8		4		5	7	3		
					3	2		
4		5	6			8	9	
2		8		7	9		6	
3				8	5			
	8	2		9	4	6		
			7	3				
	3		2			9		5

Easy Level

SUDOKU
FUN FOR ALL

Nº 577

		4					8	
		7	2				6	
2	6	5				4	7	
7		9						3
5	2			8		9		
	8		3	4			5	
	7		4					
		6	8		2			
	3	8	6	7			2	

Nº 578

			8	4				5
			7	3				2
8				5			4	
	7	2	4			9		
		3	6			5		
	6			2	5		7	
7		4	3	8				6
3			2	6			5	
	2	6		9				7

Nº 579

		8			2		1	5
6	2		3	5			4	7
	7	5	8					3
1		3			7			8
5								
4		7		6	5		3	9
			9	3				6
7					3			
	3			4		6		

Nº 580

	4		8		6	5		7
				4				
	7			2	5		8	
3		2					7	
9	6	7	4	8	2			
5				3		6		
	3	9		5		8		
			9	8		3		
		8	3	7	4			

Nº 581

						5	8	
7		2				3		4
			4	5				6
2	3		7	8	9	4		
					2			
			5		6	8		
						6		2
8	9		2	4	1	5	7	
3		5		6			4	9

Nº 582

			3					
3		6	8			4		5
				2			7	
		3	5	6	7			
6		2	3	4	8	7	5	
8			5	2				
4	3	8	7					9
	2		9	5	4	6		
								7

Easy Level

SUDOKU
FUN FOR ALL

Nº 583

	6	4	7	3			8	
		5			6		7	4
2				9	4	6	3	
6				5		8		
	8	7	3	2			6	
	3	4			8	5	2	7
		6						
			2	8		7		
				4				

Nº 584

			6	2	8			
	5						7	2
					8			9
			6	5				
5			8		1	7		4
		8		4	9	5		
	7	4	2			3	8	5
	5					9	6	
3	8		9		5			1

Nº 585

	8		6	5				7
	6		2	3				
			8	7				
	2			4		6		
	1	4	2	3	6			
	6	8						5
	4	7	3	5		6		
			7		2		5	3
3	5	9			4			

Nº 586

	2							9
							2	6
		8	2		4	1	7	5
6					7	9		
5	7		3	8	6			4
2						6		7
8					2			
4			8				6	3
9		3			7	5	8	

Nº 587

	6	8	5		7			4
		7						
4			1	6		3		7
		3	4		9			8
	8		7		6	5	4	3
				3				
	3	4	9			8	1	
	7	2	3			4		
		9						2

Nº 588

	4	6	7					2
		6				8	3	
		4			5	7		
8	7		3	4		5	2	
	5		2			3	7	8
6		2			8			
		5				2		
				5	4	6		
3		9	8			2		

Easy Level

SUDOKU

FUN FOR ALL

Nº 589

								4
	2	5	4		3		6	
	4		8		6		7	5
			6			8		
9	8	6	1		2			3
5						6		2
	5	3		2			8	
6		4		3	8			7
			7	6				

Nº 590

	8	7	5				2	3
			6			8		
6	3					4	7	5
4			9	3	2		5	
		5	7	8				6
				6		3		8
2								
	7		2		6	5		
		3	4	5	8			

Nº 591

	8	9				7	4	2
			8		4			
		7	9		3			1
8	4	1	5		7	9	2	6
		3	2				5	
		5			9	1		
	5							8
	3	4					9	
7	2							3

Nº 592

	8				1	9		6
5					2	7		
	7	9				4		2
	2		3	7			8	
		7		2	8		6	5
				6	4	2		
	6					5	4	7
7		4				8	9	
8				9				

Nº 593

			6		5	3		7
			7		9		4	2
1		3	4	2				9
	4						3	
		6			2	4	9	
8			3					5
7	6	5				2		
				6	7			
	9	1			3	6	7	

Nº 594

		3			7	6		
5	9				6			3
	7	6	9			1		
	5			2				
6	8				9			7
		9	8			5		
8		5	2	9			4	6
			6		5	3		1
1		4	3					

Easy Level

SUDOKU
FUN FOR ALL

Nº 595

	8	3			5	4		
	4		6	7	2			3
			4			2	9	
7			3				4	
8	5					9	3	
			5		7	8		
3		2			6			
		7				1	3	8
	6	8			3			4

Nº 596

		2	7	9				6
	6			8	9			
	4		1	5	3			
	2		8	1	4			5
			5	3	8	6	2	
	8			2				
5			9	7				
2		9		6				
8			5		4		1	

Nº 597

			9	2			4	
				5		8		
			8	1	6	3		
		2	5					3
9					8		7	
	7	6	2			9	5	
4	2				5	6		
5		3	6				8	7
6	9		7			5		

Nº 598

	5					4		
4		2		3				
			8				2	3
				9		2		
9	3		7			6	4	5
7	2		4	6	3			
			5	4		7		
	8		9	2				4
	4	6			7	8	9	

Nº 599

	5							
			5		3	2	4	7
		7	6		4			5
			2		8	7		
2			9				5	8
6			1				9	
	6							
8	2	9		6		5	7	3
5			4	7		2		6

Nº 600

			4	2		7		6
	6	4	3		8		2	
		9		5				
3		7	6		2			8
	4		8					
	8			5				7
	9	8		3	7	6	4	2
	3			4				
	2					5		

Easy Level

SUDOKU
FUN FOR ALL

Nº 601

						7		
7			5			2		3
8	4		7	2			5	
		2	6			8		
6			4					
				5		6		
	7	8					6	2
	3			4		5	8	7
	5	6	3	7	8	4		9

Nº 602

				3		2		4
2	8		6	4			5	
							7	
	7	5		6	3	4		
4	6		7	5	9	3		
		8		2		7		
						8		
		3		9	8			7
8		7			4	6		

Nº 603

	7	8						
		6	9		3			
		3	8		4	6	7	5
			9		3			
		9		2			4	6
	3	2		6	8	7	5	
		7		4			6	
		1			6	2	3	
	8	4				5		

Nº 604

			4					5
8				9		7	2	
		9			2		4	
	6		9			3	7	2
				2	3		5	
			5			6	9	8
6	4		8	5		2		
		7		6	9			
9	2					8		7

Nº 605

							2	4
		6	2					5
		7	8	4	3			6
	5	8	4				6	9
			3				7	8
	7			6	8		5	
	6			8	2		4	3
3						5	9	
		4					8	2

Nº 606

						4		
7		6		1			8	5
			8	2	7		9	1
	6	3	7					9
4	7			9	3			
2	9	8						
		7	4	3		8	5	
8	4		5				6	
5				6				

Easy Level

SUDOKU

FUN FOR ALL

Nº 607

			3			9		5
5								2
1	3		2		5			7
		1		8			7	
	9	4		3		2		8
7				2		3		9
9	7		8				2	3
2		6						
	1		9	5	2			

Nº 608

	1						4	7
3				4	6		8	
	2	9			7	6		
							2	
				7			3	4
	5			9		8	6	
	9	2	4			3	7	8
				6	3	1	9	
1	3	8					5	

Nº 609

	9				3	2		
	2		8	7	4			
1	5	8		2		3		
	6			3				
		7	2	4	5	9		6
2	7	1	5	8		4	3	
		6					8	7
	8		4					5

Nº 610

1			9					
9	4		7	5			8	3
			6			7	9	5
			4	3		5	7	
			5				6	
5	9	7						2
4	3	9				2		6
8	5					3		
2						8	4	9

Nº 611

				9	8			
7	2		1	6				3
		9		3			2	8
		5		2			4	
2		6	5	4		3		
9			8		3			
	9		3	5				
1		3	4	7			8	5
	5							7

Nº 612

	6				4	2		
3			2					
		7						
4			6	7		5		3
5	2		3	4	8		7	9
	7	3				1	8	4
7	9		8		2		6	
				9				8
	5			3			4	

Easy Level

SUDOKU

FUN FOR ALL

Nº 613

		2		7				4
		3	8					6
				4	6	5	2	3
	3	5						
			4	6	3		5	
2	6	8		9	1		3	
			2	5		3	7	8
				3	7	2		
				8		6		

Nº 614

		7	9	5				
5				6	4	3		7
	9	6			7	4		
9			1		6	5		
		8			5	6		
		2		9	3		4	
8		9		7		1	5	
3			5				8	
	7	5						

Nº 615

	7		3				5	
		3				6		
5			2					
7			8					4
	2	5	4	9				3
3		4			6	7	9	
4			9	7	8	2		
			6	4			8	5
		2		5	3			7

Nº 616

	8			7		4		
	5				8	2		
6		2		3		7		
5		7				6	8	
	4			6	2		7	
	3		5				4	
	6	5		2				7
9		3	7				2	4
	7			4				3

Nº 617

			7					
		8		3	5	6	4	7
							2	8
	2				8			6
8	6	3		7		5	9	
5				6	3		7	2
4		6	3			2		
	5			9		3	6	
	8				4			

Nº 618

		5		2	3	8		
	3	9				6	7	
1			7	6				
6			9				8	3
	2		6				5	
	5		2	4		7		
5	9		1				3	8
	7			9			2	
		3	5				1	

Easy Level

SUDOKU

FUN FOR ALL

Nº 619

	4	2	7	9		5		
							7	
	8		6		5		2	9
4	6	5		7		2		3
		7				9	4	
			5	8				
					7			
				3	9	6	5	8
5	3	8		4	6			

Nº 620

								3
7		6					2	
	5	2			3	7	8	
			8	4		3		
			3		2		7	4
					5		6	
8		7	6	3				5
6		5	4	2				7
2		3			8		4	9

Nº 621

			2				5	3
2	4	9	8		5			
8	5	3		7				9
	7	6			3	5		
3	1			6			9	
9	8						4	
5				8				
					9		3	
7	9			4	6		8	

Nº 622

								3
		2			4		8	7
7		3					2	5
5	6		7	2	9	8		4
	2				5			
			3		8		6	
			4		6		7	8
4			5		3			6
		7		8	2		5	

Nº 623

	4			6		7		
7			8	3	9	6		
				2				
		2		9				3
3	8			5			6	
6	9	4					5	
	6	5		4		2		8
			5		6	3	4	1
	7		2				9	

Nº 624

	3				1	8	9	2
9					2		6	
	2			7				
		8		9	6	5	3	
2			5			7	8	
4				8		9		6
								9
3	9	4	7					
7		6		2			5	3

SUDOKU
FUN FOR ALL

Nº 625

	3		6	8		2		5
7				5		8		
	6	5	2	9				
1		3	7					
	2		8	3	6	5		
					4			
		6		4	8		3	
		3				7		1
	8	1	9	7	2			

Nº 626

	9	2	3			6	7	
	8				7			5
7		4			5			8
8			3					7
			7			3	4	6
	7	3	4		2			
					3	8		2
	5	8	9		6			
2						5		4

Nº 627

	6	8		4				7
	5		2			4		6
2	4	7						
4	3	6				2		
		2	3	8				5
					2		7	3
5	9	3				6	4	
	8		9			3		
				4		8	9	

Nº 628

		7		4		5	3	
2			5			7	4	6
					7	1	2	
			9					5
	1			5		6		
	9	5		6	8	4		
		3			4			7
	5		6			3	9	
	7	2	8		9			

Nº 629

		3						7
						2		
		8	2	9		6	3	
		5			4		6	
			5	6			2	
	3	6	7			2		4
1					5	3	8	2
3			9	8	2			6
		8	2			7		4

Nº 630

	8					5		
	5			4	9	3		7
4	7	3		2				
	9			5			4	
	2	5	3	9		8	6	
	3		6	7	8	5	2	
	4	2		8				
	6		2					4
5								

Easy Level

SUDOKU
FUN FOR ALL

Nº 631

		9					8	2
4	2	3			1			
					9			
8	7	2				6		9
	9			8	6	7	3	
	6			4		2		
9			3			5	7	
5	3			9				
2	1	7	6		4			

Nº 632

	8							
		4	7				2	
2			9	5	8	7		
	7	1				2	8	
		5	9				3	1
	2				6	5		
5		3	4			9		
7				3	1			8
4	1	8	2		9			

Nº 633

			6					
5				8	6	3	7	
7		2			5	9		8
	7		3	4		2		5
4		6		7	2			
3						7	6	
	8	3	5	1				
	1					3		2
6							5	9

Nº 634

	5	3						4
	4	9	2	6		3		
	7	6			3		2	8
		7	3			4		
5	3					6		
4				8	6			3
							9	
		5	6			7	8	2
6					7		3	5

Nº 635

			2		3		8	
8			5		4			7
	7				3	5		
3	5	6		4		7		
9	8				5	1		
			3		5		6	
	9	2			6	8		5
			4			2		
5		8			7			3

Nº 636

			6		2			
1	2		7			5	4	9
	7		5	2			3	6
	5		8	2		4		
2			6			3		8
9	3		5			6		
5				4			8	3
			9		3		5	4

Easy Level

SUDOKU

FUN FOR ALL

Nº 637

				7	6	3		
				4		8		2
6		4			8	5	7	
						6		
9	3				2			7
8	4	7	9	6				
	6	5			3			
7		8		2		4		6
3			6			7	8	

Nº 638

						8		9
	5	9				3		
8				6	3	7		1
							7	
		5	2		4	6		
		7	3	9	8	4		
	7	3				5		6
		6		2	5		3	
5	2			3	6		8	

Nº 639

	5				6			3
7								8
		4		3				2
3					5	8		4
		7			2			6
4	9	5	6			2		
2		3	5			7	4	
5	4		9	7	3	6		
6				2				

Nº 640

	5	7			3			
3			6					1
4		8	1	2	9		7	
6	7			3		2		
			4	7		5		6
2	4						9	
		6				7		8
			3			6	2	
	2	9		1		4		

Nº 641

	3				6			
5							4	2
				8				
1		6	8		5			7
8		5	6	3				
	2			7		5	8	
				4	7	2	6	8
7				6	2	9		3
		3		5	8	4		

Nº 642

	7	8		6	5			
							5	7
		3				4		6
9		5		7		3		
		4			6		7	
		7	5	4				
6	3		4		7		8	2
	5			3		7	6	4
					2	5	1	

Easy Level

SUDOKU
FUN FOR ALL

Nº 643

```
. 4 . | . . 7 | 8 3 9
8 7 5 | 4 . . | . . 2
. 9 2 | . 8 . | 4 . 7
------+-------+------
4 . . | . . 5 | 3 2 8
2 . 8 | 7 . . | . 6 .
6 . . | . . . | . 7 .
------+-------+------
. . . | . . 4 | 7 8 6
. . . | 5 6 . | . . .
. . . | . . . | 2 . .
```

Nº 644

```
. . . | 5 . . | 9 . .
4 . 8 | . . . | 1 . .
9 . . | 6 . 1 | . 4 7
------+-------+------
1 . . | . 5 . | . 9 8
6 9 . | . 1 8 | . 2 .
8 . . | 2 . . | 7 . 3
------+-------+------
. . . | . 9 5 | 2 8 .
. 8 9 | . 2 . | . 7 .
. . . | 8 . . | 5 . .
```

Nº 645

```
. . 7 | 8 . . | 5 3 .
3 . 9 | 2 5 . | . 4 6
4 2 . | . . 7 | 9 . 8
------+-------+------
. 7 . | . 1 9 | . . .
. . . | 7 2 . | . 8 .
. 1 . | 4 . . | . . .
------+-------+------
7 . . | . . . | 8 . 3
. 3 . | . . . | . . .
5 . . | 3 4 8 | 6 . 7
```

Nº 646

```
. 7 . | . 8 . | . . 4
. . 2 | 6 . . | 3 . 7
. . . | . . 7 | 2 6 .
------+-------+------
. . . | 2 7 8 | 5 4 .
. . . | . . 3 | 7 . .
. . . | 4 . 5 | 6 2 .
------+-------+------
8 . 6 | . 3 9 | 4 . 2
. 5 . | . . . | . . .
. . . | . 4 6 | 8 7 1
```

Nº 647

```
. . 9 | . . 8 | . 5 .
6 . . | . . . | 7 . 2
. . . | . . . | . . 3
------+-------+------
. . 4 | 6 . . | 9 2 .
7 . 2 | . 5 . | 3 . 4
. . 3 | 2 4 . | . . 8
------+-------+------
2 7 . | . 9 6 | 8 3 .
. 3 . | 7 . . | 2 . .
. 8 . | 3 . 5 | . 7 .
```

Nº 648

```
. . 8 | 7 . 3 | . 5 2
5 . . | 2 . 9 | 4 . 8
. . 2 | . . . | 6 . .
------+-------+------
. 6 5 | 3 . 8 | . 7 .
. . 7 | 6 . 2 | . . 5
8 . 4 | . . . | . . 3
------+-------+------
. . . | . . . | . . .
4 . . | . 3 7 | . 2 6
. . 1 | . 4 8 | . . 9
```

Easy Level

SUDOKU

FUN FOR ALL

Nº 649

	1			3		8		
	2	9	1		7			
5			8	9	4		1	
9				1				
7	6	8						1
1				5		2	9	7
3	7		9			6		5
		1				9		
2		5	4					

Nº 650

					4	6		
	6	7	3	8		2		
		8				3		7
	3	9			7		5	2
					3		4	
	7		8				6	
7						4	2	
		4	6		5		3	8
9	8	3		4	2			

Nº 651

	2	5					3	
		3	7	8				4
			3	4		9		5
3		6		7			4	
2								
	5				4			8
	7	4		5			9	3
	9		8			4		2
5	3			9	6	7		

Nº 652

	2	7	6	9	3			5
	6							
9	4			8		2	6	3
			2			8		
				3				
		9		7	6			
	3		7		9	6	2	8
	9	6	5			7		
7		2			4			9

Nº 653

	2		8					
		1		9				
4	8	3	2		5		6	
7	9		3			6		
				4		3	9	
3		2				8		4
			9		2	7	1	
		9	7	3	6			8
			5				2	6

Nº 654

					4		6	8
	6	2			7	3	5	4
3			5	6			7	
	3		7				8	
6	4	8	2	5				
				8			2	3
	2					5		
7		3				8		
	8	5					9	6

Easy Level

SUDOKU

FUN FOR ALL

Nº 655

	7			3	5		4	
		5	8				3	
			2		7	5	1	
						6		2
9		7	6		3	8	5	4
	5		7		8			
		8		7				
	4			8		7	2	9
	2			5		4		

Nº 656

	5			7		9		6
6			5					3
4					6		8	
	3			2		8	7	
	7		8			3	2	
2	8	9	7		4			5
		3				4		8
7				8	5			
				4	3	2		

Nº 657

		2	3			4		
6					7	3	2	
3			8					
				8				7
8		5	1		2	6		
			6		9	2	8	5
5		7						3
		1	9		5		7	
2		8		4			6	1

Nº 658

	2	8	3				5	
3	6							
4				2			8	3
	7					8		5
		2	8			6	9	
	8	6	9		2	3	7	
		4	5	8				
8				6	7			
2	5			3			6	

Nº 659

		3		4		8		
							3	
2		8						
1		9	6		7		8	2
	6				9		4	
3		5				7		9
		4	3		6	2		
7			2	8		4	9	3
	3			9	4	6		

Nº 660

			9				3	5
		3	5			7		6
	4					2		
		4	2		7	3		9
							8	4
3	6		4		5			
		8		4	6	9		
9		6	3		1		7	8
4		7			2			

Easy Level

SUDOKU

Nº 661

			9	4				
	6		8				2	
7	5		3	2		8	4	
	2		6	5			9	
5					4			
6				8		5	7	
	7					2		5
3			7	1			8	
		2	5	6	3	4		

Nº 662

		8				9		
7	4	9		2		8		3
6	3	5			8		4	
	9		1	7	2		8	6
	8					2		
3		2	8		5		7	9
	5	3				6		8
		6					3	

Nº 663

		7	4				3	
	6	3			2	9	5	
		9				7		4
		2	1				7	5
3			5		9	2		
7	5				4	8		
	7		8			5	2	
	2	6			7	3	4	
	3							

Nº 664

			4			3		
		4			8			5
	8		5	3	7	4		2
	7	6		2	3	5	8	
8			7		4		3	
				6			4	
9	3					6		
5	4				6	7		
2		7		4				

Nº 665

	9				7	5		3
5							7	9
					9			
3	6		9	4		8		
4	8		3				2	7
			7			3		4
7	2					1		
	3		8	7		2	4	
6		5	2			7		

Nº 666

	6	9			3			
	3					8		
	4	5	7	6	2		3	
		7	5	9				
	5			4	6			
	9	8	2		7	5		
3				2	4		5	
			8	1	9	3		
	2		3			4		

Easy Level

SUDOKU

FUN FOR ALL

Nº 667

		3	2			1		
			8		5		3	6
					6	8	4	7
4					3	7		
3							8	
1		8		4			2	3
5		2				9		
		7		3		4	6	
9			7		8	3		5

Nº 668

		6	4				3	
	4	3			5	7	8	1
2	7			8		4		9
		7	9					3
		9			6			
	8	1		4	2		7	
	6		8	7			5	
	9				4			
	3						9	2

Nº 669

				4			3	
			9	2				7
	4			6		2		5
	6			8	1	4		3
	7		6		2			
		3	5	9			1	
	5	8	4	7	6	3		
		6	8				7	
3			2			8		

Nº 670

	7		6		9	2	5	3
	5	2		4				7
	8	9		7			4	
2					7			
		8	5			3		
		6	8		2	9	7	
		3					8	5
4						7		6
	6		4				2	

Nº 671

	3		2					
	8		5			3		7
2		4	6		3			5
	9				6	5		8
			3	4		7		
5	4			7	8		3	
7		6	4	5				3
	5		8					6
	2						5	

Nº 672

	6	5		1	2	7		
	1				9			8
9				8		5	2	
		9	2					7
			4				1	
2	5	4	1	7		6		
	2		9			1		4
		3	5	4				6
					3			5

Easy Level

SUDOKU

FUN FOR ALL

Nº 673

				8		2	7	4
4	7	2					8	
					7			
			6		5			7
7				4		5	3	
5			3			4		8
	4	8			2	3	5	9
2	5	7		3				
		3			4		6	

Nº 674

	3	9		5		4		
2			8	6		9	7	5
		6		4		3		
1				7				4
5			4					
4	7	2			8			
6		7			4		2	8
	8		5				3	
3			6			7		

Nº 675

	2		8	7				3
5		3	2					8
			4			2		
1		2			8			7
				4	2	3		
8	7		3		6		9	2
				3	5			
		6				8	7	
2		9			7	1	3	

Nº 676

	3					5		
				4				
		8				2	3	4
8					4			7
			5		2			9
5	7	6	8	9	3			
6	2	1		3			7	8
	5			8	6	4		
		4		2	9			5

Nº 677

	6	4	2		5	7	3	
				4			6	
		8		3			5	
5								
		3			2	6	4	
					4	5		2
			9			8		
7			5	8		3		4
3		9	4	6	7		2	5

Nº 678

	5		9			2	1	
	8				3		6	5
	7	4	6					
		7	2	3			5	
4			1			7		8
2					5	6	3	
8		9	3	6	7		4	
	6	3	8					
			5					

Easy Level

SUDOKU
FUN FOR ALL

Nº 679

		8			5	9		
							5	
5			8	6		1		
			7	3			2	
7	4			5	8	3	1	6
	3			4	2	7		8
2		7			6			
	9		3	7		2		
		4			9			3

Nº 680

	5	9	1	6	7	3	8	
								9
1	2		3	8				7
6				2	7			
			3			9		4
		4						
		1	5	9	8	2	6	
8						9		
9	3	2		4		8		

Nº 681

			3	9	8			
4	8		2			5		
	3	9	1	4	5		7	6
	9	2	7			3		
					4			9
8	6		9		3			
		8						
			7	9				
6	2		4	8		9	5	

Nº 682

		5		6	2			
			4		7	5		6
	8	7			3			9
						8	7	
		8		2	5			4
						2	3	5
	3		2	9	4			
2	4			5		6		
				3	6	7		2

Nº 683

	8				6	7		
	7		9	8	3	6		5
			7		4		3	
	4	7					8	
5								6
			4	2		5		
		4						8
2		5				3	7	
		6	3					2

Nº 684

	8				6			
7		6	2			8	5	
4	5						3	6
			7	5	4	9		3
			3		8	6		
		8				4		5
3			6	8	7	5		
6		7			5		2	
			9					7

Easy Level

SUDOKU
FUN FOR ALL

Nº 685

	4		2		9	6	5	
7			6	8		3		
				4	3	7		2
4				5	2			
			4					3
2	6				7	4		
	3				8	2		7
	7			1	4	5		
	5		7					8

Nº 686

				8				
8					9	2		3
3	7		6			5		8
9		8					3	
7	2		4	6			5	
	6	5			2	8		
4		9	2	7				
			8			3	7	
	8		5	4	1			

Nº 687

			5		7			3
5		4	9			1	2	
	3	8						4
3	8		6					
		7						5
	6		4		8			2
	5		7	6	4			
6			3		1		4	
	4		8	9	2			1

Nº 688

								3
6			2		9	8		
5	4		1		3		6	
2	3		8			6		5
7	8	1	3	6				9
		5	4	2	1			
							2	4
			7	3				
3	2				8			7

Nº 689

	5				2		3	
				6			4	
					8			
5	4		6	7	9		2	
		2			1	5		7
6			3	2	5	4		
3	2		9		7			8
7			8	3				
	8		2		6			4

Nº 690

	9		3	2			6	8
		6	4			2	5	
	5							
	7		6				8	4
	6							2
3	8			2	7			
		3	7	8		6		1
8	2				3	9	4	5
6							3	

Easy Level

SUDOKU
FUN FOR ALL

Nº 691

			1				6	4
1				7		9		
		5	3	6	9	7		
8	1	9	6		4			7
5	3							
						1	4	3
	5			8			9	6
7		2				8		1
3	9				1			

Nº 692

	2				8			
	4	3	2			8	7	5
			3				4	
5			7		9		3	8
4				8		7		
		7	6	2	3	5		
3		5			6	4	2	
8	6	4						
			5	7				

Nº 693

		6	4		3	7		
4	8		1	9				2
7			8					
	9	2	7	6			4	
5	6				2			7
			5			6		
3	2	5				4		9
	7	8						6
	4		9			8		

Nº 694

	3	2				7		
	5				3			
		9	7	2	5			
				9		2	3	
9	4	8					5	
	2		5		8			6
8	9		6					
	7	6	3	5		8	2	
		5	8	7		4		

Nº 695

				5				3
			6				9	
6	2		1					4
	1		7			9		
	9	8						
5			2	8		1		
9	7		8	3				
	8	4	5	9	6		7	
1	6	3		2			5	9

Nº 696

		6					3	2
	9			3		6	5	
	8			2	6	7	4	
	5	4					7	3
8	3		2					6
	2	7			5	8		4
			5				6	
		6		7			2	9
						4		5

Easy Level

SUDOKU
FUN FOR ALL

Nº 697

			9			5		
		8		7	3			
5		7	4	2				6
	3	4					7	
7		6					2	8
		1	7	8				3
	6			4			5	
		5	3			6	8	
3	8	9			6		4	

Nº 698

	1		4	2	5	9		6
	3	6		1	9	4		
			6	8				
		5	9	3			4	
9	6	4	2		1			
	7			4			9	
				7		3		
6						1	8	
		3			2			4

Nº 699

	6		1	8				9
		4	9	7		6	5	
				2	5	4	1	
	5			4	1		7	
4	1		2	9				5
	7		8					
				1				
		2	7	6	8	9	3	
8			4					

Nº 700

	7						2	
6			7	4			3	9
3				2	5	7	8	
8	2		3			7		6
	4	6						
			1		4			
	6		4					
9		5	2			4		3
4			5	8		2		7

Nº 701

			9		3			
	9	2				6		4
1				8	4			
	6	4			2			9
3			4	9	5		7	6
9					6			
		8	2	3	1			
					8			3
7	4	3		6		2	8	

Nº 702

		5				4	2	3
		4	7				8	5
			5	3	4	7		
9			8	4	2			
					6			
4		8	3	7			6	
	9	3				6		2
				5		8	3	
7			2		3	5		

Easy Level

SUDOKU

FUN FOR ALL

Nº 703

		2	3			7		1
				2	8	3	4	
3	9			6	7	2	8	5
	6							
				5	3			
		3	4	8		5		
6	4		2					
5			6	4	9			2
				3	5		7	

Nº 704

		7	2	5				
			9			5	8	
9	5	6	7		4		2	3
					9	6		
6				3		4		
		4			5			1
7	4		3					6
2			5	4	7		3	
					2	7	4	

Nº 705

	4					2		
3	6							5
2			5					
	5		4			8		
					8	6		
			3	2	6	5	9	4
	3	8	7	4			6	
	7	2		6				8
4	9	6		8	5		3	

Nº 706

						7	6	2
	2	5		8		3	4	
4			3					5
		1		9	3	6	8	
		3	8	7			2	4
			4					
5		2		3			7	
	3		2	5	4			8
	8		6					

Nº 707

					5			
8			4	7				
5	7	6	8				2	3
		2	6	4				8
4					2	3		9
	6		9				7	
7				6				
	3	5		9	8		4	
6				2	4	7	9	

Nº 708

						3	8	
			2	5	7		6	
9			4	3			2	5
8				2	6			
		5	7	4	3			8
7	4						3	6
			5	8		6	7	
		6				4		2
3		2	6					

Easy Level

SUDOKU
FUN FOR ALL

Nº 709

	7							8
		2	8	1				
	3	1		4			6	7
				4	1	9		
	9	4	1	5	2			
7		8						2
9						7	3	
4		3			9			1
1				6	8	9	2	

Nº 710

					6	2		5
		9	8				7	4
	7	5		2				
	8	5	4				2	6
	9			6				3
4						8		7
				2			3	1
6	5	2		1	3			9
	4			5	9			

Nº 711

	8	5			3	4		
	6				7			
4	2	7	6	9	8	5		
3		9			4	6		
		2	7				4	
5		6				2		8
		4						
		8	5	4		7		
2	5			7		8		

Nº 712

		8	3				7	
				4	1		8	3
3	5	9						
	6			3	4			
		7		2	8	4		
2			8		6		1	
	3		4		7			
					3			2
4	1	5	2	6	9		3	

Nº 713

	7					9		
9		3		7	5		6	8
5			9		8	3	7	
		1	5	9				2
2				1		5		
				4	9	1	6	
	9		2			8		
		4		9	7	2		
	8		7					

Nº 714

		9		5		4	8	6
		6				2		7
4				8	6		3	
2	6	7						5
	5			3				
8				6				4
	4		1	7	3			
				9	4	5		3
3			6	5	2			

Easy Level

Nº 715

			9	8	6			7
8		5			3		4	
3	7		1				8	
6	3	4	2					
7	8			5	9			3
5	2			6		8		
	6	3			7		2	
						7		
	5		8			4		

Nº 716

	8	2						
	4		3				6	
7			9			8	5	
3		5	4					
9	8	6	7		3	1		2
	9	3	7	2	5			
4		3	5	6	1	7		
5	7			9				

Nº 717

	5							
3		7					6	1
6	9	2	3			4	5	
			3	5				2
7		5	6			1		
9		6	2		1			
	7	1	9			3		
2		3				8	7	
	6		4				1	

Nº 718

				3	4			
			9	5	7		2	
			6			2	4	
			4		6		5	
5		2			3			
3		4				2		
4			2	9	1	6	8	
	2	1			6	8		5
	8	7				1	9	

Nº 719

	2							
			8	2	1		7	6
	8	4	7	3			2	
	9	6	4		8		3	
			3	6	5		8	7
	7							
	4			8	9			
2	6		5	4	3			
9							4	5

Nº 720

						8		2
				4	5	3		
	4				6			5
2	3		6		7		5	
5					9			
			3		8	2	6	
7		4	9	8		5	2	
		5		6				
9		8	5	3	4			

Easy Level

FUN FOR ALL

Nº 721

				3		7		
					2	3		
	2	7	5	6	8			1
9	7		4		5		2	6
2					6		9	
8	5				9		7	
							5	7
	4		2					
5		2	1	8		4	3	

Nº 722

				2	6	9		
3		7				2		
		4			7	5		6
		2				4	5	
	4	3	8	7	2		6	
7					5			
			5		8		3	
6					3	8	4	
8	3	1				7		5

Nº 723

	7				6		3	
	8				9			
9					5		7	
3			5		4	9		7
			1	2				3
	5			9		2	4	1
7			3			1	9	
	3	5			8			4
2		9	4				5	

Nº 724

		9		3			4	
	8	6		4	5			
	7	3	9		6			8
7	4	5	3			8		
						4	3	
	3	2		5				
3				9	2		8	
	6	8	7			2		
			6			5		4

Nº 725

		4						2
		3	5	7			8	6
	7				8			5
6	5	2			9	4		
		7	6		2	8		
				4	5		6	3
4		5		8			2	
	2	8						4
					6	5	7	

Nº 726

		8	7	6		3	5	
			5	2		6		
7	6			3				
	2	1			3		7	
3	7		8		2		4	5
5			6				2	3
4	5		9		6		8	
		7			5			
	8							

Easy Level

SUDOKU

FUN FOR ALL

Nº 727

		9	2	6	8			
		4		5		7	6	
		3	7	4		8		
5				8				
		8	3			6		
		7	6	2		4	5	
6	9	5	8		4	3		
		2	9					
				7			4	6

Nº 728

	6					3	4	7
					7	8	5	
	9	3	8		4		2	
3		4	7				6	5
			5	2				
				8			9	
						5	3	
	5	6			8	7		2
		7		4	5		8	6

Nº 729

			4			5		3
8							6	2
		4				9		
		3	7	5		8		
	2		8	4				7
7	5		6		3	2	4	
	8	6	3		5	7		
	3				7	6		

Nº 730

		9			3		2	
	1			6		8		4
7					4		5	
4		8				7	6	
	9			3		2		
								5
			3				7	
9	7	4		8	5	3		2
3	5			9	2		4	8

Nº 731

	4	3						1
5				3	9	8		7
8	9	2	7					6
			2		3	5	8	4
	8	5				7		
		4				6		
4						2		
	7	8		5			3	
2	3	6						5

Nº 732

		6		9				
	4			8				5
		9	5	2		4	7	
	1			3	4	5	6	
7	2			1				
6		5					2	
	6						5	
	7	2		5		6	9	
5	9	1			3	8		

Easy Level

SUDOKU

FUN FOR ALL

Nº 733

				3				2
5		4			6			
2						8		4
	7		2					
		6	8	5		3	4	7
9		8	6	7	4		2	
3		2	9			7	6	
	5			6				
6	9						3	8

Nº 734

	8	4		6	7			
		7					5	
3						8		
7		2		5	6	3	9	
8		5		9	4	2	6	
	6		3				8	
6						5		
			6			7	3	
		3	5			9	4	6

Nº 735

	2	5			6		8	
		7	3				4	5
						3	7	
7	3	8		4	9			6
	9							7
	1	6			8		3	
	6				7	2		8
			2		4		6	
		2		3	5	4		

Nº 736

		9		5			7	
6			8	1	7			9
3		5		2				8
	3		2	8		6	4	7
					3		2	
		6	7					3
			6			7		4
					2	5	6	1
	6	3					8	

Nº 737

	7	6						2
		3			7			
		1	6	9	5	3	7	
2	9			5			3	
			8	1	2		5	
	6				4		2	
		7			9	2	4	8
5			2	4				3
		2				9		

Nº 738

				9	5		3	
2			4	7	6			
		9	3			7		
						1		
	9				7	5	2	
	8	1		3	2			9
		3	2	5	9			6
4	2			6	3		5	
		6		4				2

SUDOKU

Nº 739

			5		9	8		
			4	2	7			
	3			8			7	
	8			6	1			7
			8		2			6
	7	2		5	4	3		
	5		6				4	
8			2					3
	6	4	7		3	2		8

Nº 740

			8				2	7
7	2		9		4	6	8	
6	8	3	5				4	
				8	6			
3		7						
				7	2		3	6
	7	6	2		5			3
4						8		
	3		6	4			7	

Nº 741

			5					
4			1				5	3
	8				6	4	1	9
	5		7				3	8
			9	6	8			
			3				7	
7				9	3	1	8	6
8		3					9	
9	6		8	7	2			

Nº 742

	8		2	4			3	
4	3	6					2	9
		7				8		
	4							
	5	9				2	7	
6			9		2	5		
		3		5				
8		2	4			3	6	5
	6			2	8		9	7

Nº 743

				5	6	4		2
5	8							6
2		6			7			8
	2			3				
6					4	5		7
		8		7			3	4
3					2	7		9
	7	9	5		8		4	
8	4		7					

Nº 744

	8	7			3		5	
4	3			6			2	8
	6		4	7		3		9
8			3	5	6	9	7	
7						2	4	
3			2			8		
	2		6		5	4		
							8	
				9			3	

SUDOKU
FUN FOR ALL

Nº 745

	2			3	5			
1	7		9	6	4			
					8		3	
5		6		9	2	4		
3							5	
	4		5					6
	6	2		4		5	9	
		4	6				7	2
9		5				3	6	

Nº 746

	2			5	7			
	7		8			4		
	3	8		2		7	6	
3		5		8				
							5	6
		4		6	9	2	7	
	5	2	3			9	4	7
					8	6		
			4	7			8	2

Nº 747

					5	8	4	
7		3		9	2	5		
	4		6			9	3	7
	3	7	5	6	2			8
			3					
			8	9			2	
6	7			4			1	5
		5	2		6			
8					3			

Nº 748

				3	7	5		
		3				9		7
5					9		1	8
2		9	8			6		
			6		4			
	6		9			2	8	
9		1			8	4		
			7	9	2	1	5	
	2					8	6	9

Nº 749

		8	7			3	5	
5	4		8		3	9	2	
			6		4	8		
2			4				6	
4		9	3			2	8	7
					2			
3			1					2
		6						
8		5	2		7	6	9	

Nº 750

	4	6	7	5		8		
			3				4	
7				6			5	2
4	6	2				3		
3		5			8	2		
		7			2			
5			9	7		6		
6		3		8		9		4
9		8				3		

Easy Level

SUDOKU
FUN FOR ALL

Nº 751

			6	3			2	
	6			8				9
4		8				5	7	
2					3		6	
1						3	9	
3	7							2
				6				3
6	9			4	5	2	8	7
8	2					6	5	4

Nº 752

	8		4	6		7		
	6		9	5	1		2	
		3	7					
	2	8			4			9
5			3			2		
		9	8		7		6	4
	9	5		4		6		
4				2			8	
	3			7	9			

Nº 753

		8	2	4			7	
2				9	1		4	
9		6	3				2	1
7				1				
6		2						5
5		4			9		3	8
		9						2
		5		7			8	3
			4		8	9	6	

Nº 754

			3	2	1		8	
								7
6			4		7		2	9
				7				4
	6	3			4	7	5	8
		7	6		8	1	3	
	5	8		3		6		
		6		5		2		3
	3			4				

Nº 755

		4	2		8	5		
8	1				9		7	2
3				7			4	
6				5				
4					2	7	9	
	3		9	8			5	
	4	6	7				8	
2		1	8				3	
				4			2	7

Nº 756

	4			2				5
2								7
5				7	8			4
	7			5	2			
4	9	3	6			8		
8	2	5		3	4	7		
			2				6	
3			5			4	7	8
				4		2		

Easy Level

SUDOKU
FUN FOR ALL

Nº 757

		4			7	6		
	3		8					2
	7	5				3		
			6	7		5	9	3
5				4				7
3			5	8			2	
	4				8			5
		2		5		3		8
7		8		3	6	9		

Nº 758

	8	5		9		6	2	
	2			4		7		5
	9	6	5	2				3
	4		6				8	
5				8		3	4	
2				7		9		6
								2
		2		6	3		7	
9	5				2			

Nº 759

	1	2						
			7	1	4			8
	4			9	8		1	
5	2		9	1	4	8		
			5			1	7	
1								5
	7	1						
6	5			4			9	7
2	9			3	6	5		

Nº 760

	9		3	7	6	4		
		2		4	8		7	5
6				2	5			
9	6		4				3	7
7	8			5				
2	5					7	9	3
3					2		4	8
		7						6

Nº 761

	5					7		
	9				3	2		4
		8	6		2	5	9	3
2			4	3	5	9		
	8	3					2	7
	6				7			5
				6			4	
	7				4			
			2				8	

Nº 762

		7		6	3	5		
5		6	2	7			8	
		3					6	
2	3	5			9	7	4	6
9		8				3		
		4		5				
8			5					2
	4	2			8		5	
6			3					4

Easy Level

SUDOKU
FUN FOR ALL

Nº 763

		5	7	2				8
		6		5	9		2	
	7	2				5	6	4
			8					
4	9		5		2		8	
2		8	6	9				5
	2			3		7		
		9			5			
	5					6	3	9

Nº 764

	5							
7			4	5		9		1
	1		6			9	3	
	7	9			6	1	3	
1							8	
	3	6		8		2		9
6	2		7		1		9	
			9			6		
		1	2		8			5

Nº 765

							5	
5	7				3			
	8	3		5			6	
			9	6				
			3	4	8	7		2
3			7	2		5		
7	3	5		8		6		
		8			7	3		4
		4		3	2	8	7	

Nº 766

			8	6	3			5
	6		5	7		4		8
5			2					
6	7		3		5			4
	2		4					
4			9		7	6		
1	8	4	6			7		
3			7			8		
		7				3	4	

Nº 767

						1		6
2		8						
		1	6	2	9	8		5
6			1	8	5		9	3
5		4		9				
3				4		2		
		3	2	6		5	8	4
	2				8		3	
	5					9		

Nº 768

	9	6		3		4	5	
3		4		6				2
		5		4	7		9	
			3	7		2		4
					4	5	3	
							6	9
	7	8			6		2	5
6							4	
	4	1				8	7	

Easy Level

SUDOKU

FUN FOR ALL

Nº 769

		7			6		9	4
5					3	7	6	2
2			4			1	8	
4		2	7		8	5	1	
	3			2				
8			5				3	
					7			
3		6	8		5		7	
7		4					5	

Nº 770

				3		2		6
6	7				9			
					7	8	3	
	3	6			2		8	
8		5		9			4	2
4		7		5				3
						3		
5		2	7	4				
3		1	8	6	5	4		

Nº 771

	9	5				2	7	3
							1	9
				2		8	4	
	6	4					3	
5				7		9		6
	3		9					
		3	4	9	1	5	6	
4	5	9	2		7			
1	7				3			

Nº 772

	1		2	6				
	5		3		8			
9			5	1	4	6	8	
				8		9		
4		9		3				6
1		2	9		7	8		
		6				3		8
8			6		1			9
			8		3			4

Nº 773

		2	8	9		5		
5		3				6	9	
7	6		4			8		
6		4	5				8	
							3	6
2						4		
1				8	4		5	
		8			1	2		7
	2	5			3	1		8

Nº 774

	7							
		9	4	3		5		
3		6	2	9			7	
9	4	7		6		2		
6				4			8	9
2	3	8	5	1				7
			9					
		5	6		4	7	9	
4						6		

Easy Level

SUDOKU

FUN FOR ALL

Nº 775

	8	6	5	4		9	7	
	3							8
5				7	3	6		4
2			6		4		3	
	7			2				
6				3				
8			4	6	5			
7	6			8		3		
9					7		5	6

Nº 776

	5		3		7			
4		8			2	3	5	
		7		4	5			6
	6				9			4
				3		8		
3	9		6					
	8	5	7		6			
7	2			8	4			
	4		5		3		8	2

Nº 777

	3	4		6	9			7
	8					1		6
2			5		7			3
	7			3		8	1	
					8			
				7				5
6	4		8		3	5	7	
			2	1		9		4
	1	9			5		2	

Nº 778

			4	5	8			2
					3		4	
4							1	
7	8				5		2	6
2		4		8				
		5					8	9
9			5	3	7	8	6	
	5		2		6		3	
	3		8	4			9	

Nº 779

				6			3	9
		8	2			5	4	
6				3	5		7	
2	5				6		9	
8			7				6	
					4		2	8
		6	3	7				
				4			5	2
		7		5	1	6	8	3

Nº 780

					7		3	
7	3	2	8				4	
							5	
4		9	1			5		3
2		3		4	5	1		
5			3				6	
		5	6		8	7		
		8		2		6		9
6	2		9					5

Easy Level

SUDOKU
FUN FOR ALL

Nº 781

		6		8			2	
	8						3	6
1	7	3	2	6	4			
								7
	1		5	2				
	5		7	9			4	2
	4	2			8	6		3
8	3	5						
	6				2	8		9

Nº 782

	5		8					
8			6	9		5		1
	1			7	3	6		
			2	3		4	6	7
2		3	7					8
		5	4					
		7		5			4	3
5	9	8		4		2		
3				2				

Nº 783

				7		2	9	
8		3			2			
7			4		8			
9		2				5	6	
	3	8	2	5		4		
4			6				2	3
			7					2
	4	7		8		6	3	
			3		6	7	8	

Nº 784

	2			9		4	6	
	6			1			2	
5			6			3	7	1
			2			4		
4	5		3		7			
6		3	8				7	2
				2				
8		6	5				2	
	4	9				6	5	8

Nº 785

		2	9	4			6	
8					7			9
7		4						5
	4	9	3	5				
5	8	6			1	9	3	
	3			2	8			
			8			6	9	1
9			1			2		3
			4					7

Nº 786

		4		3			7	
			6	4	7			2
			1	2		6		
		5	2				8	3
			5					
				8		6		
1		2		5	6	8	9	
4	8		9	1	2			6
	6			7		4	3	

Easy Level

SUDOKU

FUN FOR ALL

Nº 787

				8			6	
4							7	5
7			5	6	3	2	4	
8		9		5	4			
3		5	2				9	
	6	4		9				7
2	5					3	8	4
6						9		2
	8	3						

Nº 788

	8	9	3		2	1		
2								
					7	5		
				4	3		9	
1	9			7				4
		6		8		2		
3	7			2	8	9		
9	4				5	7		8
8		2	7	9		4		

Nº 789

	5			9	2	8	3	
	3			5		2		7
					3			6
6	7							
9	2	8		6			4	
					4			
7	4				5	6	8	
		1			7	3	5	
	8	3		2		4	7	

Nº 790

			6		5			4
	5		4		7	8		3
	8				3		7	
6			5	3		2		
5	2					6		9
	4					1		5
				4	8			
			7		6		5	
2	7	8	3				1	6

Nº 791

	2	9				6		3
	8	7	2	6	9			4
		5			3			8
		8	4					6
2	9			5	8	4		
4	7	6		2		5		
	3					8		
		2	7				4	
		4						5

Nº 792

			5			4	9	
5	4		3	6		8		
	1		9	2			5	
7	8		4		3			
		4		8				5
3		5	6	7		2		
4							3	7
		3		4				2
					2	6	4	

Easy Level

SUDOKU
FUN FOR ALL

Nº 793

	3				8			7
	7	2				9		
8			2	6	7	5		
2			3			6		4
		3						
	6	1	4	5		2	8	
9	2	4	7	8				
5			6					
				4	5	8		

Nº 794

	9		8	1	6	3		
3			2			9		8
1	8				5		4	
	2		5					4
				4				
7	4							9
		4	3			5	9	
5					2	7	3	
6	3		1		7			2

Nº 795

		8		2	4			
	3		9		5	7		
6		1	7			9	2	4
5			1					
4				7				1
1		9		6	3	5		7
			8			1		
3				4			8	
	1	5			9			2

Nº 796

	4		2	6				
	7					6		8
	6	8			5			4
			6	5	9		8	1
6	5	9			4	3		
				2	3			
3		6						
	9	7		4		8	3	2
	2	4						5

Nº 797

	9	3	8	1				
7		8		3		2	5	1
4		5						
	4		6		3			5
	7	6	1	5				
5				7				
						8		
3	8	9		4	1		7	
	2				9	3	1	

Nº 798

			5		6	3	8	
		3		2				
5	7			4			2	
7					3	4	5	6
3			6	9			7	8
8				5		9		
6						2		
2			8		7		4	
	5					8	6	7

Easy Level

SUDOKU
FUN FOR ALL

Nº 799

			3	4	8	2		
	3			5			7	
8				6	2	5		
2	8	7	4		5			
	5	3				9	2	
	4							5
3	6	4						7
					4		6	2
			6	7	3			8

Nº 800

		7	2			8	3	9
6								5
	8		4			6		7
				2				
		6		3	5	4	2	
2	4	5			7			6
		2	7				6	4
5			3	4				
	7				8	6	2	

Nº 801

			5			8	2	
			7		2		9	4
	4							
		8	6		1	4		
	2			9	6			
	1	3	4		5			
8	5	2		9		3		
7		4			6			9
		9		4		2	7	5

Nº 802

				7				
		7				5	3	
8			6		2	7		
			7	3				5
			8				7	1
	7	4	9				8	
	4		5	9		3		6
5	3					8		9
2		1			8	4	5	7

Nº 803

	6	5	8					4
7		8			4			9
	4		7		5	2		
		2			7			6
				8	7			
		9			8			2
		7					2	1
1	9	6			5			7
	2	4	6				8	3

Nº 804

	8		4					
5					7		4	
	3			2		7		
	6		3					8
8		5		6	2		9	3
	4		5	7				6
	9	3			8	2		
	2	8		6				7
7				5	3		6	

Easy Level

SUDOKU

FUN FOR ALL

Nº 805

			5	8			6	
	8				2			7
9	6	5				2		
	3				6			
2	7		4		9		5	6
	4			2				8
	2		7	4			9	5
8	9					7		
4	5	7						3

Nº 806

		3	9	2				
					5			
5	6				7	9		
			4			2		3
2	4					8		7
	3	9	7	5				6
9			8	6		5		
6		4			3		1	
3	1				4	6	8	

Nº 807

							2	
	6			3	4		5	7
	7	3				6		4
8	3		2				6	5
4	2	6			7		9	
5				8		3	7	
			9	2			4	
	9					5	3	
6	4			7				

Nº 808

		7			3		6	5
	3	2	4	7				
			6					
	8	1	5		2			
3			7		4	2	8	
2					8	5		
	6	4					2	8
8			2				7	
7	2	9	3		6			

Nº 809

		4	2	3		5		6
				7		4		
7				1	6			8
6		8				2		5
	2	9					3	7
3	4			2			6	
			7	5		9		
		3		8		6		4
		5			9		1	

Nº 810

			6		2			
	3		5					7
7		2		4		5	6	
5	9					8		3
8	4		7			6		
	6			8	5			4
		8			7	4		
6					3	9		5
3	7			6			2	

Easy Level

SUDOKU
FUN FOR ALL

Nº 811

					5	3		
		7						4
	3				8	7	2	
5	2	6	7	8	3	4		
4			2				7	
						5	6	
	4		5	9	7	3		6
			6				8	
7		3			2			

Nº 812

	6							
8		4	2	7		3		
	9						5	
			7			2		3
4			5	2			6	7
			3	4	6	8		
1		5	8	3		6		9
6	2		4	9			8	
		7	6					

Nº 813

	3			2	6			
1	8	2	4				7	6
		5						
			9	6				4
	9		3			5		
	4					7	9	
3	1			4	7			9
		4				2		8
9	2	6	8			4	3	

Nº 814

		4				7		
	5				2	3		9
3					6		2	
6		7		3		2	9	
	9			8		1		
		2				4	7	
7	4	9		6	3		5	2
	6					9		
2	8			7			4	

Nº 815

	8				6	4		
1					8	9	7	
				3				5
		4	5	8		7	6	
		7					4	8
8	6	5				2		9
	3							7
5			6			2		4
2	7					6	9	3

Nº 816

	2				3	7		
	5	6					4	3
			2	4			5	8
6	1		3		8	4	2	
			5			9		
9				4	6		3	5
	3	4		6			7	
8		2					6	
7					2			

Easy Level

SUDOKU
FUN FOR ALL

Nº 817

		8				5	7	
6	5		8	4	7			3
	3		6		5			
	8	6				7		9
			7		6	3	4	
2					8			
	7							2
		9	3					
5					4		8	7

Nº 818

				1				6
4		2		6		5		
	8		3	4	5		7	
	1		5	9	3	2	6	
		5		7				
2			4					
9		8		3			1	
		3	6				8	4
7	6	1			4			

Nº 819

			7			9	6	3
2	3		6			4		8
	7							
		8	5		7	1		9
7			4	3			2	
	5		2	9	8		3	
		2						
6	8			2				4
	9			4		2		6

Nº 820

		4	8	3				2
			7		5			
8	6	5	4	2		7		
3				6	4		2	
6	4					8		3
	7	2		8	3			
9		7		4		6		
	2							
	3	6		5				4

Nº 821

	8					2		
9	7		8		6		4	5
	3				2		9	
5	9					7		
3	1		4	2	7			
	2	6	5					8
	5	3				9	8	
				5			3	
2						5	7	6

Nº 822

					1	3	8	
2		3	6		8			4
		5			3	9		2
4		8		3			2	
						5		8
			5			7	3	9
	4				7		1	
		3						
5	6	9	1			2	4	3

Easy Level

SUDOKU
FUN FOR ALL

Nº 823

	6				2	8	3	
	7	3			1	5		2
2		5	4				6	
		9		2	6		7	3
				3				
	3	7					5	9
						7		
7		2		6	5	9		8
1			8		4			

Nº 824

		4	3	9	6			1
5		9					3	
1		7		4				2
			6	3	8	7		9
	5	6				3	2	
		8			2			
			7	2				
8		5			4	9	1	7
9				5				

Nº 825

				2	4	8		
	2	8	3		7			
	4				8		7	
			8			6		
7		4		5	3		2	
	3				2			
4	8	3			6			9
		7	8					3
2		9	4			5	7	6

Nº 826

		5	2					8
			6		5	3		7
								2
			3		5	7		
	7		8				3	6
5	2				4	8		9
					7	9		
	4			8	3	6		
	3	2			6		8	5

Nº 827

		5						7
2	7	3						
	9	8			5	2		6
9	5		4			8		1
8					3			9
			9	8		2	5	
	2	9	5			6	8	
	4		3					
7		6		2	4			

Nº 828

		2	4			7	6	
		3				5	2	8
		7						
		6	7		3		4	5
		8	5		6			
		2				8	7	
			4	8		5		
8	3				5			9
2	6	5	9		7		3	

Easy Level

SUDOKU

FUN FOR ALL

Nº 829

		7				6		
	2						3	
				8		9		7
2		3	4		7			8
	5	4				3		
8			3			4		5
	7		6	2		5	4	9
5		2	8	3	4		6	
6					5			

Nº 830

	3	6			2	8	5	
8		4		3		6	2	
2	9	5	8	7			4	
3								
5					7			
	2		6			7	8	5
6				4	5			3
7	5	2						8
				2				

Nº 831

		5		7				
		7			4	2		
8				3	9			
				5			2	6
				9	3	5		4
5	6				2	8	7	
2				6				
	8			4	5	7	6	
4	5	6	7		8			3

Nº 832

	5	8		9		3		
9	2			4	3		1	
				5			6	
2			5			8		
				2	8	6		1
4					9	5	7	2
		5	4		2		8	
			7	8	5			9
		7				2		

Nº 833

	4			5		6	7	9
2				4	9	3	8	1
					7	4		2
				3				
	7	6	4				2	5
1	2		7			9	4	
		2				3		
					5		9	6
	9		8	7				

Nº 834

	7	8	1				9	6
	4	9			6	7	2	
					3			8
					8		1	
	5					2	8	
8	6			3				
2	8		4					9
		5	3	9	7		6	
7		6			2			4

Easy Level

SUDOKU
FUN FOR ALL

Nº 835

						5	3	7
	7	4			5	2		8
5						6	4	
			7		8			
	8		6	4				5
			3		2			6
8		9				7		
		5					8	
6	1	3	2	8		4	5	9

Nº 836

			8	4			2	
9	8		2		3	5	7	
8		7	3				5	
5					6			
		3		6		7		
	7	2	5		6	8		4
4	9			3	8	2	6	
		4					3	5

Nº 837

		2			4	8		3
			6					2
7	4					5		
8			5	4	7		3	
9						5	7	
			1	9	2			
4	7	1		3		6	2	
					6	4	9	7
		5	4			3		

Nº 838

	2			5	4			
		5	7				8	6
		4				5	7	2
8	5	9	3				4	
		2		5		7	3	8
7								5
	7		5	4				
5				3				
9		6		8			5	7

Nº 839

	2	5						1
3						5	6	8
		6				7	3	
6	8	2		4				
4					5		7	
7	5							
2	9	3		6		4		7
		8		2		6		
		4		7	8		2	3

Nº 840

	6	2	4		9	3		8
7		8						9
3	5				6	4		
		3		7		2		
8	7	6			4			5
							9	
			3			9	2	
2	8	3				6		
	9		6	2				3

Easy Level

SUDOKU

Nº 841

	7	4	3	8	6			
3	8		5				7	
				7	4			
4	5	3	7		8	1		
8			4	9		7		
7					5			
5			2	3			8	
9	3		8					
	2			4				3

Nº 842

		6	4		8			
		2			5	7		
				3	9		5	2
						8		
	2	4	5	7		3	9	
5							6	
	8				7	1		6
4			3	6	2			
6						4		7

Nº 843

		7			9		6	
	4				3	1		
		1	5					
4						6		
	9	5			7	4	2	
6	1				5		9	
							7	
	5	6	3	4	2	9		
9		8	1	7	6	3	4	

Nº 844

	3			4		2		5
		8	9					
	5		3		6	4		7
		3	7	8	2			
			1					
	6		5	9		7		8
5	4	9		7		3		
	2							
	1	7	2	5	9			6

Nº 845

		7		9			8	4
1	4	6	5			9		
	9			6		1		
	1	5	2				7	
4		9		3	7		6	
7								
3		1						
9			4		8	3		
5			3	2			1	9

Nº 846

							4	8
6				5				
			3	2		7		
	7				8	4	5	6
	8							
	3	4		1	6	9	8	2
4						6	3	
9	6		5				7	4
	2	3				8	9	5

Easy Level

SUDOKU
FUN FOR ALL

Nº 847

	3	2	6	4	8			
	6			5	7		9	2
				9		6		4
		3		1	2			
6	2		5			7		
1	7	4						8
2								
	4	6	9				2	5
7					9			6

Nº 848

	3	7	9	4	6		1	
6	4							
8	9		3		1			
			8			4		5
5			7	4	3	8		
3			2	1				7
			5					9
				8		5		
			1	3		2	7	6

Nº 849

				8			9	6
				3		2		
					4	5		7
	2		8		7			3
	4					9		
5		6	2	9		7		4
2	7	4	3	5	6			
3					8		7	5
	8			7		3		

Nº 850

	3	4		8				2
			2					5
	2	8	3		5			
	6			3	1	4		
			8			3	5	6
3	8	7	5				9	
				9		6		
	9		4	6				8
	4			5	8		2	

Nº 851

	2							3
8	6	3		7				
4			5			8		6
7			8	2	6	9	5	4
6		8	4		3	2		
	5	4	7		9	3		
		2	3					
	8				2			7
			6					

Nº 852

	8	1		2				
	3							9
		4	9	5		1		7
1			2		9	5	6	
						9		1
			6	7		2	8	4
		7						
	1			3	6		5	
	4			1	5	3	9	2

Easy Level

SUDOKU
FUN FOR ALL

Nº 853

		7		2				6
	9			7				
2		6	9					8
9	5					2		
1				3	9			
	7	8			5			3
	4	2			8	3		
			4		7		8	
5			3	9	2	6	7	4

Nº 854

			4					3
	3	4			2		5	
5							4	6
			3	7				8
9	8		5	6		4	7	2
6	4							
3			4	5			2	
	6	2	7					5
	5			8		6		

Nº 855

				5	6			8
	6			3	2	5		
			8				9	6
6		4		2			5	
9	1	8		4		2		3
	2					8	6	
	4	9						5
	7							
5		2	4		1	9		7

Nº 856

	8				9			
						9	8	
		7		1	2		5	
2	4		8	7	5			
8		5	9			3		
	3			5				
	6			4	3	1	9	
				7				6
		1	6	9	8	7	4	2

Nº 857

	3	1				7	9	2
							5	
		2	9	3	5	8	1	
4	9			2		1		3
		7	6	9		5		
	5			4				
			7	4		2		
	7	3		5	9	4		
				8				9

Nº 858

			2	8		7		
	4	8	9				6	1
		3		5	6			
				2	4		7	6
3		4						5
7	8	6		9			3	2
						6		4
	3	9	7	4				
4		2	6					

Easy Level

SUDOKU
FUN FOR ALL

Nº 859

		8	1	4	7		9	
7		3	9	6		2		
			3			4		5
					6			
	3		8	9		5	4	
	9			7				2
	8			2			5	3
	5	6					1	4
3							2	9

Nº 860

	3	2	5				8	
		4						
	8			2			6	7
		7		5	6	3		
	5	7			3		4	
3		8		4		7	2	5
	4						5	8
		8		6	4			3
	7					2	9	

Nº 861

					4		3	7
7						2		
			5	2		8		
		8					6	3
			6			4		
6	3	1	4	7	8	5		9
	4			3	7		5	6
				8	6			
	6		9			5	7	2

Nº 862

	6	5			7		2	
			5					
3	8	4		2	9	6		
					3			4
1			5	8	2	6	7	
	7	9			4		5	3
		2	4					
7	5	6				3		
4			6			7		

Nº 863

	4					9		
		1	9	5			6	2
		2	3				8	
2			4	7		3		6
		5		3				8
	1	3	8		9			7
	8	4	2		3		7	
			6	8		4		
			7			2		

Nº 864

	3		7	2			8	6
		8	4					7
6		7						
	4		6		7		5	9
5	8		9				7	4
			2				6	3
7		5				6		
			8	5	6	7		
		9				2	4	

Easy Level

SUDOKU
FUN FOR ALL

Nº 865

			4	7				
4			3	8		2		6
8				6			3	
3	6				7		9	2
	9			4	3			5
		8				7		3
		7		2	6		4	
					8		1	9
5	8	3	1					

Nº 866

			4	3				
4					5			
5	3	7			8	6	2	
9			7			4	3	
2			8	5				6
6		8						
3		4				8		
7		9			4	3	5	2
	5	6				4		

Nº 867

							1	3
2		9	3					
		4	7	9				5
4	6		8		2		9	1
	2	5			4	3		
9	8							
5	4	8	1					
		7	2		9	5	8	
	9			4		1		

Nº 868

	3			6				2
7	9	4		5			3	
5	6	2			9		7	
	7	3				2	1	5
	4	9					8	
8				7				4
	8		6	2	3			
	1							9
			9	1	3			

Nº 869

	5		8	6		7		1
4	6	9	1			2		8
	8	7			5			
2	1	3	7					
6	7	4			8			
			3			4		
7	3		5			6		
	4					7		
			6			9		4

Nº 870

		4		2		5		
			5	9		6		4
		5		8	3			7
6	5	3					7	9
7		9	6		8		3	
2	4	8						5
			8	7				
			2					8
5	8					2	4	

Easy Level

SUDOKU

FUN FOR ALL

Nº 871

		3		8				
		6			5			
		4	3		2	7		6
2							9	3
		8		2				
			7		6			4
3		5			7	4	8	
	7			6	3	2	5	
8				4			6	7

Nº 872

							1	
	6						8	
5	8	7		6		4		2
2				9	7			
8	7		4	3	6			
9				2		6	3	
4	9	3	5	7		1		8
		2		8		3		
		8						9

Nº 873

	2	3		4				
	7	5			8		6	
	4							7
2				5		8		
4		8		3		7	2	5
		6				3		
	6		8	7				
3		9			5	4		
	5			2				8

Nº 874

	4					5		6
						2		8
	5		6		3		4	9
	9	8		3	7			2
	6	7	9	4	2			
4				5				
		4			5			
	3	6		2			5	7
			7		9	3		4

Nº 875

		9		8	4		7	
			5	1				
8	5							
	7						9	
2	4		8		6		5	7
9	8	5	2		3		4	
	3	7				6		
4		2	9		8		1	
1				6		5		

Nº 876

		8	7	1	9		5	
4	5	1	3		6	2		
		6		5				
	7		2		1			
				7	4	3		2
6			9		5			
					7	6	9	
9				2			8	4
		7		9				3

Easy Level

SUDOKU
FUN FOR ALL

Nº 877

	4	5	2	6			7	
3		2		8		5		
						3	4	
	6	3			8		2	
			6	4				3
		9	3		2	7	6	5
			7				3	
	3	4						
2			8	3	5		9	

Nº 878

			5	7			8	
7	2	6			3	5		4
	8							
			3					9
6						8		
	4		9	6	2	7	1	5
					7		5	8
			6				3	
	5	3	8	4		2	7	6

Nº 879

		6				9	8	
3	5	9		6	8	1	4	
2				3			7	
4		7				5		
8	2		4			6		7
6		3		5				
5				7			2	
			2			4	3	
	3	2				6		

Nº 880

	7	6				3	5	
				4	5	6	9	
4	5			8				2
	2		6					
5	6		2			7		
7	8				4	1		6
	9			5			6	
3				6				7
	4					9	5	3

Nº 881

	1		6	2		5		
	5		7	3	9		2	
3					5			6
			1	4				
6		4	8				5	
	8	1	5			9	4	7
		8						3
5		9						8
	2		9		6		7	

Nº 882

	3						6	2
		2	6					5
4	8			5	3			
		4		8				6
	2		3	6	7	4		
		7	5			9		8
	4	5					7	9
7	6	8	4		5	2		
			7					

Easy Level

SUDOKU

FUN FOR ALL

Nº 883

			2	4			8	5
		4			3	7	9	2
								3
9	2		6	3		5		
6				5				
5		7	4		2	3	6	
			7		6		4	
						2		7
	9	2	5			8	3	

Nº 884

	4		7		5		6	9
	5					2		7
	6		4		3		8	
7	9				1			
6		3	5	9				
	8			3	7			
	7	6	1		9		2	
		9		7				6
2				4			9	

Nº 885

	2	9			3		5	
		7	4	6	5			2
				8		7		3
9		3		1	8	4	2	
	6				4	5		
		2				8	7	
2	9	5						
8				3	7			5
		6				2		

Nº 886

	5				4	8	1	7
		4		3	8	6		5
7			9	1		4		
	3		4					8
	8		3		9	2		
	2	7						6
	4		1			5	7	9
8							6	
			2			3		

Nº 887

		7	9					
	6		4	5				
			2			8	3	5
	7		3		4			
		4	5	8			9	7
2			6			4	5	
7		6	1				2	
4	2		8		5	3		6
8	9							

Nº 888

			2	7				6
			4		5	7	9	8
	8				6	3		2
5		2		4				
8		3						
		4	5				6	
	3	8			7		4	
2		5	3			8		
7	4		8	5				9

Easy Level

SUDOKU
FUN FOR ALL

Nº 889

		8					2	7
5		8				4		9
3	2	7	4				1	5
9								
				4		5	7	6
	6		5		3			
2		5		3	7	6		4
4	8			2			3	
			6					

Nº 890

		2			7		8	6
8	9			6	1	2		
7					4			
				8	4	6		
1	2						9	
			9					7
9		7	2	8	6	3		
	5			1	9	6		8
	1			5	3			

Nº 891

	7		2					6
5	9	4	3				7	
2	6			5	1	4		
				7				5
8								2
7			5		2		6	8
3		2		8		6		4
	8					3		
	4	7		3	5			

Nº 892

		2						
8	1	7		9		3		
3				5	8		7	2
9		8	4	7			1	3
	2				5	9		
	6	3			4			
	3				7			1
	8		6	2	5			9
		9				6		

Nº 893

			4			7		
9	5	4						2
8	7	2			5		6	3
5					2			
6				2	8			
			7	6			3	
			5	6	3	2		
4	3						5	7
2		5		3		8		4

Nº 894

			3		9		4	1
9		3	4	6	2	5		
2								3
	5		7	9			1	
	9							
	7	1	8				6	9
		9		7		1		
1		6	5					7
	2	4		1			5	

Easy Level

SUDOKU

FUN FOR ALL

Nº 895

				5				7
7	8		6			1	2	
2	4	3						
9		6			5	4	3	
		2	4		8			9
	7	4			9	6		
		8	5					
			8		6	3		5
5		7				2		1

Nº 896

	4	5	1					2
7		6		3				5
9			6	5	4			3
8	5	2	7					
			4		3			
	3			2		6		
4			2				3	
	8	7			9			
2			5	7			8	4

Nº 897

			3		7			1
6	9			5				7
	3			2				8
		9	5		4			6
	2				9	8		
	7	4	2					
	4		6	8	2			
7		1	9			3		
2	5			7	3		9	

Nº 898

		5		9	4		8	
4				6				2
6	4		8	3				
5				4		2	6	
8				2	7			
2		7		8				5
9	5	6	2			8		3
3	8			5		7	2	

Nº 899

	6		7	8		3		
5			2		3	8		7
		7			5		9	
2				5				
		8				5	4	3
6	5	1						9
							3	
1		5		7				6
		3	4	1	6		2	5

Nº 900

	5	8			7	2	9	
		2				1		
	4		2				3	7
	7				4	3	5	
	3	9	1		6	8		
8					5	6		
9	8	3		6	2			
		7	8		9			
	6							8

Easy Level

SUDOKU
FUN FOR ALL

Nº 901

	6		2			4		
	4					5	6	
		3			8			2
5			9	8	7	4	2	
	7		5		2		3	9
	9		4	3	1			8
			8		5			
			3			6		
	2	5		4		3		

Nº 902

	2		5	7				
	7			2	6	4	3	
8		3	4	9				
7	5						4	
4	3		6		5	2		
		2				5		8
3		9	7	5		6		2
2		5			8	3		

Nº 903

			6	3	2			
		4						
	3		5	4				8
	7	5	8	2	3	6	9	
3					8			
8		2		7		4		
7				8			4	
6	5				4			
		8	2	5	6	7	3	

Nº 904

	7	9					8	
	4			6	7			3
			2					1
9				2				7
4	5	3	8			2		9
1			6			5	3	8
	9				3			
		2		6				4
	3		9	7	8	2		

Nº 905

	8			5		4		
			6	7		5	3	
9	5		4			6	7	
	3		5	7	9	8		
				4	3			
4			2				6	
		9		3				
		2			6	3	9	
		1	9	5		4	7	

Nº 906

	7		4		2		3	9
	5	9			8		6	
4		2						8
8	3			9	4	2	7	
5	2							1
	9			5	3			4
			5					
9	4	7		2				3
	8				9			

Easy Level

SUDOKU
FUN FOR ALL

Nº 907

	9	7		2	3		4	
4	8		6					
	3	5	4					6
		4			8	7		
			5			8	3	4
	7			6		5		
		8	2	3	5	4	9	
			7			2		
	4	2					5	

Nº 908

			2		8			5
2			4		6		3	
7				9	1			
	7			8		5		
	8	9	5	6		2		3
		3			4			
8			6	3			4	
		6			9	3		2
	9		7			8		6

Nº 909

	8	4			9	7		
			7	1			8	
		1	3		2			
	3		2				9	
8	7		1		6			
1	9			4			7	6
					1			
3	1			6	8	9	4	
		9	4			8	5	

Nº 910

			2			6		
	6	4		3		2	8	
5	2			6	8	4		
		2		7	3			
4		6		5				
8						7		6
2		3		4	6			8
	9					3		
	4			9		5	6	2

Nº 911

		3	4					6
5			3	2				9
7	2						3	
					4			
	7	9	5			6		
	5	2	7	9				3
	9	8	6		2		5	7
				4			1	
3	4	7					6	2

Nº 912

						7		6
5						3		
9	7			1	2	8		4
	3	5	7	2				
			3				8	
2		6	4			9		3
	4		5	8			6	
	8			3				7
	5	1		9	6		3	

Easy Level

SUDOKU

FUN FOR ALL

Nº 913

		7		2			4	5
		2	7	6				
6					8			
9			2	3	7		8	4
4			8				7	9
					5	3	1	
3	2					4		7
		9		4	3		6	2
		6						3

Nº 914

	2	3	4				5	
8						3		
4		9	5	7			8	6
		4				6	3	2
	3			4				7
		7		3		8	4	5
	4	6				5		
			6			9		
	5			2			6	3

Nº 915

		2	8	6		4	7	
								3
	7	4		2			5	
2	5	7	9		3	8		
	8		2		7			
		3						
7	6				8	2		
8	2					9	1	6
4	3		6		2			

Nº 916

	9	2		5	7			
	8	1		3				5
3	7					8		6
7		8	5		9	1		
		9						
		3		2		9		8
						4		9
	5	4					3	
9	3	7		6	2			1

Nº 917

			8				5	
	2			7		8		4
8	5				6	3	7	
5			6		9		3	
1		2	5			9		
3	9				4			1
7	3	6			2			5
						6		
9		5			3			7

Nº 918

	4			8		7		
6		2	3		7		5	
			4		2	3		6
1	6		7	3				
	5			2	6			
7		8	5	9		6	4	
2				4	5			
	8	4				5		
		7				2		

Easy Level

SUDOKU

Nº 919

	3	9					2	
6	4		2			1	5	9
			5			7		
		4	9			3		
	6		8					4
8	5		1	2			9	7
2			4	7				3
			6		8			
	9	6		1		8		

Nº 920

	2			1			6	
6		3	5		8	2		
	5				3	7		
			8		6		2	
8				9	2		3	7
		2		5	7			8
	7	6	3					
4			2					9
	3			8		4		6

Nº 921

	5				3	1		
	6	1					2	
4						5	7	8
9	4			2		7	1	
	1	6		4	5	9		
3	8	2						
			5	9			6	
		4	6	7	8		3	
					2		9	

Nº 922

		6				8		3
	7	4	8		5			
1			6					
	6	3		8		4		
	5	7	2				6	8
				5	6			2
6		8			2			
	3				1			5
4	2	5		9	8	7		

Nº 923

		8	6					
	3			8				9
	2	6		4	9			
3	7		5	6	4	8		2
2		5	7		8			
4				3	2		6	
					7	4	2	6
5							7	
6							8	5

Nº 924

	4	3	9					
6	5			7		4	9	8
						7		
4	8			3			2	
	2			9		8	7	
			2			6		
2	6		3			5		
3				2	5			
5			8	6	7	3	1	

Easy Level

SUDOKU

FUN FOR ALL

Nº 925

			9	3	2		8	7
	7		6			3	2	5
4	3	2				9		
		8			5			
			4			6	7	
	2							
	5	3	8	6			9	
	4		2				6	
6	8		7				3	4

Nº 926

					2			6
3	4			1	7		5	8
				5			7	
7		6				5		
			7	9	6	3		
			1			7		9
		8		7	4			5
2		9				4		3
		5	9	3		8	2	

Nº 927

			3					7
3	8	7		2	5		6	
5	2		7		4		3	
		6				3		
4		2		5			9	6
	7			9	6	5	4	
				3		4	7	
				7				3
		5	6				2	

Nº 928

	4		7		6			
				1				
8		9	4		2	6		7
	2			9				
		4			5			
			6	2	4	5		3
4	8	1				3	5	9
3			1		9		7	8
		2			8			4

Nº 929

						2		
3			7		4	5	6	8
					6	9		
			1	6	5			
	4		8			6	5	
		2	4	9				
2		3	6	8			4	
8	9			5			2	
	5			4	7	3	8	

Nº 930

		3	2			4		
2			6				7	
7		4		5				2
	3	2	7				8	
			5		2	3		6
	5		3		9			4
3	2		4	9	6			
6	4			7	5			
		8					4	

Easy Level

SUDOKU

FUN FOR ALL

Nº 931

			3			5		2
3								7
5	4					1		
	8	7	5			6	1	
	2		8			7		
6		3		9			2	
1	6	5	2			8	9	4
	9				1	3		
	3		9	6				

Nº 932

		4	7		6		2	5
			9		3	7		6
7			5					
5			4		2			7
			8	3				
	7					4		2
4		8	2	7	5	6		3
		3		4	8	2		
				6				4

Nº 933

	3		9	6		2		
			7	8	3		5	
	6		4				8	
3					6			
6	2		3	4		7		
	7	4		2			6	
	4			9		8		
8	5	3				6	9	
			5	3				2

Nº 934

	3					7		
7	6	9		5		8	4	
		8		6				
		3	2	8		5	6	
						3	2	
2	7		4	3	6			
	5		6		7		8	
					2			5
	4	2	5		8			3

Nº 935

					4	2	1	
				1	7		9	
5			3	6		7	4	8
	2							4
9		6	4					2
	8			2	6		5	
3	7			4				
	5	8						
2		4		5	3		6	7

Nº 936

		3					7	
		5	1					2
			2	3	9	5	4	8
			9			7	3	6
6								9
	2			6				4
		8	4			2		
		2			7	6	9	5
3			6		2	4		7

Easy Level

SUDOKU

FUN FOR ALL

Nº 937

	5			3		9		
							6	
	6						7	8
4								
	3		4	6		1		
	9	2			7	4		
5	4	8	3			6		2
	7	9	6		8	3		
6	2	3		5		8		7

Nº 938

	4					1		5
5	1	8	4	7	9	6	3	
3					1			
	3						9	
		9	8			2	1	
			3		2			7
	5		7				6	
		1		5	6	3	2	
	9					7		1

Nº 939

						7		
	8	3						2
					5		3	4
4		9		7	8			3
		6			9		2	
7	3		2			5		
	9	8				2		5
6		5	8	2	4	3	7	
	4	7				8		

Nº 940

				5	2			
3		5	4		1		9	2
	2			7			4	
					6	5	8	
		4				7		3
7	8		5					
	4			7	3			6
2			6		5	4		
5	6	7		2			3	

Nº 941

				6				
	5		1		9			4
	9		8		2	6	1	5
3		4					9	
	8			9	7			
	6					8	5	2
	3		9		5	1		
2	1	5	7			9	3	
				1				8

Nº 942

	4		2	5	3	8		6
7							3	
8				4	6			
5	8	7						
				7	9		4	
4			6					
6			3			2		7
		2			5			4
3		4		2			5	

Easy Level

FUN FOR ALL

Nº 943

						2		3
		2	6			9	8	
					5		6	7
2	8	5	3			7		
				4	2			
3	4	7			8	6		9
	7	4	2	3				
		6						
5	2	9	4		7			8

Nº 944

		9		2	8	7		
7		2		5	4		3	
	8							4
			5	8		6	2	7
9				3	2		4	
		5		4				
	7				5		6	
5					3	4		
		4		6	1		7	5

Nº 945

							5	6
				4	6			
	3		8	7				2
7	6		3			5	8	4
		4			8	6	2	7
2	5					9		
6	4		2		7	3		5
		3				2	4	
5	8							

Nº 946

	8	5	7		6			
4	6							8
	7	3						2
8				3				
	4		5	7		8	6	
	1		2	6	8		3	
	5							
6			4	9	5		1	7
	3	9	6				5	

Nº 947

				4			7	
6			5		8	4		
7			2				6	5
	3		7	9				
5		7		2		3		6
	9	8	3	6	4	2		
						6	8	
8	7					5	4	
			4		3		2	

Nº 948

		5	6		7			4
		4				5		2
	6	8		5		9		
4						3	9	
6		3	9				4	
2	8	9	1					7
	3		4	6	9			
	9				1	4		
		6				7	1	

Easy Level

SUDOKU

FUN FOR ALL

Nº 949

		4	5	7			3	
8		5			2		4	
6			4	8		5		
4	6			5		3		7
3	9		8				5	
						6		
5					6		7	8
							2	
	7			3		4		5

Nº 950

		2		9	5	4	8	
			7			2		
8		5	6		4		3	
2			8	6	9			5
6		4	5					3
7	5		4		3			
	4						2	
			9				7	8
			2		6	3		

Nº 951

	3		8	4	7			
		8	2				3	4
			9	6		7	2	
8	7	1		3			9	
	9	4	7				5	
2	5			9	4			
							4	2
6	4							
5						3	6	7

Nº 952

						5		
7	9	1		4			3	6
		5	1	3	6			
	4	3		2	8			
		7		9				
		2			3		7	4
	5		4					8
		8	3	5	1	6	4	
		6		7				2

Nº 953

			6					
4	6	5					1	7
7		9	8			4		
	9	3	5					
	7			2	3	9		6
	4						7	
	8	6			9	7	4	5
				6	4	2	3	8
					8			1

Nº 954

								3
					8	4	2	
	6	2	3			8	9	7
2	7				9		3	
		6		8				
				4		6	5	2
3				9				
6	5	1		7	2	3		
		8			1	7	4	5

Easy Level

SUDOKU

FUN FOR ALL

Nº 955

		5		9			3	8
						7	6	
2	4		3					
4	3		9				8	7
	8	7			6		5	
5			7			4		2
			5		9	8	4	6
8				6		5		3
	5				2			

Nº 956

				4			7	
				3	2		1	5
			6				2	
	7					8		
2	3			8	5		4	6
8	6	4	2	9	7			
	2		8				6	
	4	6			9	5	8	
7	5	8						

Nº 957

	4		2	5	8		3	7
		9		1	4		2	8
3		2	7		6			
			6				8	
		3				7	9	
				3	2		4	
	2	4					6	5
9	7			6				4
	3	6						

Nº 958

			6				7	2
	8		2		4	6	5	3
6			7		5	8		
					7			
	7	5				4	3	8
8						7		5
	4	8				3		
	2			6		5	8	7
3					8	9		

Nº 959

				9	2	7		4
2				8		9	3	
8	9		3		7	5	2	
	5				9			7
	8		6		4			3
				7				
	3	7		2			4	
		8	7			2	1	
5			4	6				

Nº 960

			2			4		8
5		1						
		8	9	1	7	2		
1		5						
	9				4	1		7
	4			5	2	9		
7	3	9	5			8		
		4	8		6	5		9
		6			9	3		

Easy Level

SUDOKU

FUN FOR ALL

Nº 961

	3		9	8			6	
5	8	7	6		2	9		
9		6		7	4	3		
	5					1		6
	1		3	5				
	6						2	
		2		4				3
	4	5				7		8
8		3			7			

Nº 962

	2	8			5	7	1	
7		6	4	1	8	3	2	9
1		9	7				8	
	7		1					2
			2					
			8		6	9		5
2			3					
	8			4	1			
			6				9	3

Nº 963

	8				4			
	2			6			5	7
3	4	7						6
5		8	2		9	7		
4			5	3				
		9				5	6	2
			8			2		
8	9	4	6		2			3
	5	3					8	

Nº 964

	4	5	8			3	7	6
7		3			1			
8	6	9	5			2		
		8						
	5			2	9	8		
2					4			
5	8		2			6		
6	3					5	2	4
	7			4			3	

Nº 965

						8	3	
	8	4			2	6		
6			5	8			2	4
	3				8		4	
2		8	4		3		5	7
7	4			2	6			
		7		6				
8	2	9			7	5		
	5						8	

Nº 966

		5			2			9
	8						5	
3	2	4		8				6
	5		4	7		6	2	
4	7		8			1		3
6			3	2				5
8		6						
			5	3		8		7
		7					3	1

Easy Level

SUDOKU
FUN FOR ALL

Nº 967

		8	5		2			
		7						
6	9		3					5
						6		
	6	3	4		8	7	9	
9	8		6	7		4	3	
				2	6	3		
3		6		1			8	4
		2			4		5	6

Nº 968

		4	6			3		8
6			4					
8					3	2	6	
4	7				1	6	5	
	6	5			7	8	3	
		8				9		
	4							
	5	3		7	8			6
		2				7		

Nº 969

		8		7	9	2		
		3	5	8	6			7
6	7		2			9	5	8
9	5				6			
	3	7			5	4	6	
4			8			7		
7		5				2	3	
3	8							
								9

Nº 970

							8	
3		8		9	7	6		
	4	7				5		
9			4	3				
6	2				8	4		
4	8	5	6	7				2
7	5		8					
1	3		7	2				
8	9	4	3					

Nº 971

	8		5	7	2	4		3
			9	4	8		6	7
9		4			2			
			6			2		
		8	3		6			
6	3					8	5	
4				5				2
	9					5	3	
3		7				8		6

Nº 972

	7			4		3		6
	2					8	4	
	4	3	8		5	7		
	8				7	6		
		3	9			5	2	7
7		2						
5		6	7	8	2	4		
			6	5		1	7	8

Easy Level

SUDOKU

FUN FOR ALL

Nº 973

	5					8		
3					4			
8	4	2		6			7	
	8					7	5	2
	7		8				4	9
	9	6			2			
	6		2	5	3	4		
		8				5	3	7
			4		8		2	6

Nº 974

	3			8				
2			5		9	8		
			3	4		1	5	2
		8	6					
9	5		7		8			4
	2	6		5		9		7
5	7						3	
	8		2			5		
3			8			2	6	

Nº 975

		3						4
			4			5	8	
2	4		8	5			3	6
5					7	6		
	7	2	6			3		
		6	9	2	5	7		8
		4			3			
7	8	9					5	3
	3							2

Nº 976

	2			5		9	8	
	5				2	7		3
				9	6	2	4	
		1		4	8			
	3	5						
				6		3		8
		6	2	7	4	8		
			6	8	9		5	
				3	5		7	6

Nº 977

	8	7				4		
	2	6					7	
		4			3			
8			5	3		7	4	6
	5	3	4	6		8		
6	4			2		3		5
		5						
			2	7		5	3	4
				5		6		9

Nº 978

	3		6	8	7			9
		2	4			8		3
	4	8	2	1				5
4			8	2	5			
			9	7	6	3		4
7				4		5		
	1	4	5		2		6	
								2
	8							

Easy Level

SUDOKU

FUN FOR ALL

Nº 979

	3		6					2
8	2	4			3			
	6			8	4	1	3	5
2			5				9	
4		3			9		8	
6	8							1
				7			2	4
			8			5	6	7
	4					3		8

Nº 980

		5	2	6			8	3
	4		5					
				9		6		
					4			8
6	3	4	8				7	
				3	5			
5				8		9		6
3		8	7	4	6	2		5
		2				8		

Nº 981

						5		
			8			9		2
9		3			7	1		
1	7		5	9	2		6	
		4	3		6			
		9		1	8	2		
7								9
	9		7	3	1	6	5	8
6				8				4

Nº 982

			4	5		2	6	7
	6		2		9			1
7		1					5	
				1		9		
	7				6	1		5
8	1	9			5			
5				9	3			
					4	7	9	
9	3			2		5	8	

Nº 983

		8	5	4				
5		2						8
	7					6	9	5
	9	7			8	5		
	4				5			
		6	7	3	4			2
7								3
	8	5	1	7			4	9
			4	6	2		5	

Nº 984

		5		6	7			3
9	6			2			4	
	8	3		4	9		2	
2	9							6
		1		9	8			
						3		
7	3		4	8		5		2
				3	6	7		8
8		6	7					

Easy Level

SUDOKU

FUN FOR ALL

Nº 985

		7	9			4		3
		2						
4				8	5			
	7		4	5	6	3		9
2	4				8	7	6	
		6				5	8	
8	5			2				
7	2	4	5			8		
3				4			9	

Nº 986

	5			3			2	
6		7		2				8
2				8	4			6
		4						7
7	2		9	6				4
			7	4			5	
8		6	3	7				5
				5				2
	4	2		9		3	7	

Nº 987

	3				2	8		5
	6				5			
8	2	5		4		9	6	
		6				7	4	1
2		7						8
5		9	8					2
	9			3	8	4		
		8	4					9
		3			6			7

Nº 988

	4	3	8					
	9	7	1	4	3	8		2
	6	1					5	
	1					2		5
			5					8
	8		3	2				9
4			2		8	3		
	5	8						7
			6	9		5		4

Nº 989

	5	3	9	2				
		8				5		
	4			3	7	2		
		6		4		8	7	
								5
8	2	9	4	5				7
			8			1	5	4
4			6	7	3			2

Nº 990

	4							6
5				2				
3		2			6	9	1	7
		3		5			4	
					8		7	1
7	2	8		6	1			
		7	6	9		3		4
		5				7	6	
6					2		8	5

Easy Level

SUDOKU

FUN FOR ALL

Nº 991

			7				9	8
	8	3	4			6	7	
	4				6			5
2		5						9
7	3	4		6			2	
	9	1			3			6
5			3	9				
4	7						8	
3				4		2		7

Nº 992

						3	5	
	5			8				9
			5	3			7	4
		3		2	9		4	
		2	6				9	
			8		4	2		1
	3		2	4	8	6	1	
		5	3				8	
6	1		7				2	

Nº 993

		5		4	1			3
4			9			6	8	7
3			6	2				
6					3		4	
7			8				6	2
		3				9	5	
5					7	8		
		7	3	9		5		6
				8	2			4

Nº 994

		5			4			
4	3	2						
1	7		5	2		4		
3						8		
	5				8			2
2	9			1				7
		1			2	9		4
8	2	3		4	9		6	5
5			6			3		

Nº 995

			6				8	
8			5			2		
	3	5		8			7	4
	5				4			
2						9	5	8
7		6	9	5				3
	9					7		
6					5	3		2
4	7	3		6	2			5

Nº 996

					1	9		
7				9		1	5	
			4	3		7	2	
4	1					8	9	5
	8				7		6	4
		6	9			2		7
6		8	5				3	9
2				7				
		3				5		2

Easy Level

SUDOKU
FUN FOR ALL

Nº 997

		9		7		8		
1						6		3
3		8				5	7	4
			6	8	2			7
	5			2		6		
	3			7	4	5	8	
8				6				
2	7			5				6
9		3	8					2

Nº 998

		9	3				6	
	9	6		2		3		
6			4				1	
6	4	2	9	7	8	1		
					7			
8	3				4		9	
				9				
3	4	7		8	1	9		
9			5	3	6			

Nº 999

	1		8		6	3		
	9		4					5
		8	5	9	1	6	2	
			6					
	6				5			
8	4	3	1	5	2			
4		6	2					7
2	3	7				4	8	
		9		4				

Nº 1000

		4			6			5
	8		1	2		7		
7			3			2		
		3		7		9		
2	7					4	3	8
	5		4	3	8			
	3		6	4	2			
9	6							7
		5				6	2	3

Easy Level